KB173021

스탈링이 들려주는 호르몬 이야기

스탈링이 들려주는 호르몬 이야기

ⓒ 이흥우, 2010

초　판　1쇄 발행일 | 2005년 11월 1일
개정판　1쇄 발행일 | 2010년 9월 1일
개정판 13쇄 발행일 | 2021년 5월 28일

지은이 | 이흥우
펴낸이 | 정은영
펴낸곳 | (주)자음과모음

출판등록 | 2001년 11월 28일 제2001-000259호
주　　　소 | 04047 서울시 마포구 양화로6길 49
전　　　화 | 편집부 (02)324-2347, 경영지원부 (02)325-6047
팩　　　스 | 편집부 (02)324-2348, 경영지원부 (02)2648-1311
e-mail　| jamoteen@jamobook.com

ISBN 978-89-544-2061-7 (44400)

• 잘못된 책은 교환해드립니다.

스탈링이 들려주는

호르몬 이야기

| 이흥우 지음 |

주 자음과모음

스탈링을 꿈꾸는 청소년을 위한
'호르몬' 이야기

생물은 자기만의 독립된 세계를 가지고 있습니다. 자신의 몸을 조절할 수 있는 능력이 있기 때문입니다.

우리 몸을 조절하는 중앙 통제소는 뇌에 있습니다. 몸 안의 변화는 중앙 통제소에서 먼저 알아차리는데, 그 이유는 중앙 통제소에 감지기가 있기 때문입니다. 뇌는 감지기의 정보를 바탕으로 몸을 조절한답니다.

생물이 자기 자신을 조절한다는 것은 세포 하나하나가 조절되고 있다는 것을 의미합니다. 우리 몸은 세포로 이루어져 있기 때문입니다. 그렇다면 중앙 통제소는 우리 몸의 수많은 세포들을 어떻게 조절할까요?

다행히 우리 몸에는 연락 수단이 있답니다. 뇌의 생각을 온 몸으로 전해 주는 연락 수단 말입니다. 이 책은 바로 우리 몸의 연락 수단에 대한 이야기를 적은 것입니다. 그 연락 수단이 바로 호르몬입니다.

　이 책은 호르몬을 발견한 스탈링이 직접 이야기하는 형식을 빌려 집필하였습니다. 여러분이 과학자에게 직접 듣는 느낌으로 책을 읽을 수 있게 하기 위해서입니다.

　저는 이 책을 쓰면서 3가지를 염두에 두었습니다. 첫째는 재미있게 쓰는 것이고, 둘째는 학습에 도움이 되도록 하자는 것이며, 셋째는 우리 몸의 놀라운 조절 능력을 소개하는 것입니다.

　나름대로 애썼지만 여러분에게 어떻게 읽힐지 두려운 마음이 앞섭니다. 아무쪼록 이 책이 여러분의 꿈을 이루는 데 조금이라도 도움이 되었으면 좋겠습니다. 그렇게 된다면 저에게는 더없는 보람이 될 것 같습니다.

　끝으로 이 책을 출간할 수 있도록 배려해 주신 (주)자음과모음의 강병철 사장님과 좋은 책을 만들기 위해 수고를 아끼지 않은 직원 여러분께 깊은 감사를 드립니다.

이 홍 우

차례

호르몬의 연락 기능

우리 몸 안의 연락 수단에는 어떤 것들이 있을까요?
호르몬의 특징과 기능에 대해 알아봅시다.

1

첫 번째 수업
호르몬의 연락 기능

스탈링이 간단하게
자신을 소개하며
첫 번째 수업을 시작했다.

나는 호르몬을 처음 발견한 스탈링입니다. 여러분과 호르
몬에 대해 이야기하게 되어서 매우 기쁩니다.

자, 여러분의 주위를 한번 돌아보세요. 나무나 새처럼 살아
있는 것이 있고, 돌멩이나 흙처럼 죽어 있는 것도 있지요. 세
상에 있는 모든 것들은 크게 2가지로 나눌 수 있답니다. 살아
있는 것과 죽어 있는 것, 즉 생물과 무생물로 나눌 수 있어요.

그렇다면 이 둘을 구분지어 말하는 기준은 무엇일까요? 왜
어떤 것은 살아 있다고 말하고, 어떤 것은 죽어 있다고 말할
까요? 움직이면 살아 있는 건가요, 아니면 숨을 쉬면 살아 있

다고 말하는 것일까요?

다음 그림을 보면서 같이 생각해 보기로 해요.

어떤 것을 무생물이라고 할까요? 생물의 특징을 먼저 잘 읽어 본 뒤 무생물은 어떤 특징을 가지고 있을지 생각을 정리해서 써 보세요.

생물	무생물
· 자손을 낳는다. · 영양소를 섭취한다. · 자극에 반응한다. · 세포로 되어 있다. · 생장한다.	

생물의 특징 중 앞에서 열거된 것 말고 또 생각나는 것은 없나요? 이런 특징을 하나 더 써 넣으면 어떨까요.

자기 몸에 대한 조절 능력을 가진다.

생물은 자기 조절 능력을 가진다

네, 맞아요. 생물은 자기 몸의 내부 상태를 조절하는 능력을 가지고 있습니다. 눈에 보이지 않는 아주 미세한 미생물일지라도 스스로 자기 몸에 대해 조절하는 능력을 가지고 있습니다. 조절 능력! 생물과 무생물을 구분하는 가장 중요한 열쇠입니다.

그렇다면 시계는 자기 조절 능력을 가지고 있을까요? 여러분 모두가 아는 대로 없습니다. 그래서 시계는 사람이 조절해 주어야만 움직입니다. 자동차도 마찬가지이지요.

우주 안에 생물이 있다는 것은 매우 놀라운 일입니다. 태어나서 먹고, 자라고, 자손을 낳고, 주변 환경에 반응하고, 무엇보다도 자신의 몸을 조절하는 능력을 가진 존재가 바로 생물입니다. 그래서 생물의 경이로움은 자신의 몸을 조절하는 능력에 있다는 생각도 듭니다.

생물은 몸의 내부를 조절하는 능력을 가진다.

　사람의 체온은 몇 도일까요? 네, 36.5℃입니다. 체온이 몇
도만 변해도 우리의 생명은 매우 위태로워진답니다. 그래서
거의 일정하게 36.5℃로 유지되는 것이지요.
　우리 몸에서 일정하게 유지되는 것은 체온뿐만이 아니에요.
우리 몸 안의 혈액 양도 거의 일정하게 유지되고, 혈액 속 포
도당의 양도 거의 일정하게 유지된답니다. 이렇게 몸의 내부
상태를 일정하게 유지하는 것이 조절 능력입니다. 그리고 이

처럼 환경의 변화에도 일정한 상태를 유지하려는 것을 항상성이라고 합니다.

여러분은 혹시 '우리 몸의 체온은 어떻게 해서 일정하게 유지될까?' 하는 의문을 가져 본 적이 있나요? 너무 당연해서 생각해 본 적이 없다고요? 하지만 너무 당연한 것들도 알고 보면 아주 중요한 원리를 가지고 있는 경우가 많답니다.

조절에는 연락 수단이 필요하다

체온을 일정하게 유지하기 위해 우리 몸에 필요한 기능은 무엇일까요?

먼저 우리 몸의 온도를 감지하는 센서가 필요하답니다. 온도를 감지하는 센서란 체온이 내려가는지 올라가는지 감지

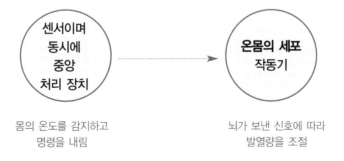

센서이며 동시에 중앙 처리 장치 → 온몸의 세포 작동기

몸의 온도를 감지하고 명령을 내림

뇌가 보낸 신호에 따라 발열량을 조절

하는 장치를 말합니다. 그리고 감지한 온도 변화에 대해 판단을 내리는 장치가 필요하고, 그다음에는 판단의 결과를 열을 내는 장치에 연락하는 수단이 필요하지요. 이때 몸 안의 온도 변화를 감지하는 센서와 명령을 내리는 장치는 뇌에 있고, 열을 내는 장치는 각 세포가 됩니다.

체온의 예와 마찬가지로 몸의 상태를 일정하게 유지하는 데는 센서와 정보 처리 장치, 실행 장치, 그리고 이들 사이에 정보를 전달하는 연락 수단이 공통적으로 필요합니다. 지금부터 우리가 알아보아야 할 것은 바로 이 연락 수단에 있답니다.

몸을 조절하기 위해서는 연락 수단이 필요하다.

요즈음 우리의 일상생활을 보면 연락 수단이 참 다양해졌다는 생각이 듭니다. 전화, 휴대 전화, 문자 메시지, 전자우편, 개인 홈페이지, 블로그 등 서로의 생각을 주고받을 수 있는 매체들이 많아졌어요. 하지만 15년 전만 해도 전화와 편지 외에는 널리 이용되는 통신 수단이 없었답니다. 여러분은 편지를 받아 본 적이 있나요? 예전에는 친한 친구끼리 정겹게 편지를 주고받는 일이 많았어요. 물론 요즘엔 보기 드문 일이 되어 버렸지만 말이에요.

우리 몸의 연락 수단은 두 가지이다

우리 몸 안의 연락 수단에는 크게 2가지가 있습니다. 우선 한 가지가 떠오르지요? 바로 신경입니다.

신경은 우리 몸의 아주 중요한 연락 수단입니다. 손에 물체가 닿으면 그 즉시 뇌가 느끼고, 손을 움직이려고 마음먹으면 바로 움직일 수 있는 것은 바로 신경이라는 연락 수단이 있기 때문입니다. 어디 이것뿐인가요? 운동을 하면 숨이 가빠지는 것, 긴장하면 손에 땀이 나는 것 등 몸에서 일어나는 여러 가지 현상에도 신경이 관여하게 됩니다.

다음 그림을 보세요. 2개의 원은 각각의 세포를 의미하며, 서로 멀리 떨어져 있습니다.

연락 수단?

A → B

우리 몸의 세포 A에서 세포 B로 연락하고 싶을 경우, A가 길게 늘어나서 B로 직접 가는 방법이 있을 수 있습니다. 이것이 바로 신경입니다.

A를 신경, B를 몸의 세포라고 생각하면 됩니다.
세포 A의 일반적인 모습은 아래 그림과 같습니다.

A에서 B까지 한 번에 연결되지 않는 경우도 많답니다. 이 것은 다음과 같이 몇 개의 신경 세포가 연결되는 경우에 해당 합니다.

A   B

우리가 흔히 말하는 신경이란 이러한 신경 세포가 모여 연결된 것입니다. 신경은 우리 몸에서 전화와 같은 역할을 합니다. 우선, 매우 빠르다는 특징을 가집니다. 손에 무엇이 닿는 것과 동시에 뇌에서 느끼는 것을 보면 얼마나 빠른지 알겠지요? 이처럼 신속한 연락 수단이 우리 몸에 있기 때문에 우리가 환경에 적응하며 살 수 있는 것입니다.

호르몬은 신호 물질이다

이번에는 다른 방법을 생각해 보도록 해요. 세포 A에서 B로 어떤 신호 물질을 보내는 경우입니다.

A, B 두 세포가 멀리 떨어져 있다면 A에서 생긴 신호 물질은 어떻게 B까지 갈까요? 그것은 혼자서는 움직일 수 없는 신호 물질들을 움직이도록 도와주는 물질이 있기 때문에 가능한

것이랍니다. 그 역할을 혈관이 합니다. 즉, 혈관을 따라 가는 것이지요. 정확히 말하면 혈관을 흐르는 혈액에 실려 간답니다. 다행히 혈액은 우리 몸의 구석구석을 돌아다니기 때문에 혈액에 신호 물질을 띄워 보내면 온몸의 세포에게 두루 연락을 취할 수 있습니다. 이렇게 서로 떨어져 있는 두 세포 사이에서 연락을 담당하는 신호 물질이 바로 호르몬입니다.

호르몬은 연락을 담당하는 신호 물질이다.

호르몬은 우리 몸에서 편지와 같은 연락 수단입니다. 신경이 전화라면 호르몬은 편지인 셈이지요. 우리가 편지를 써서

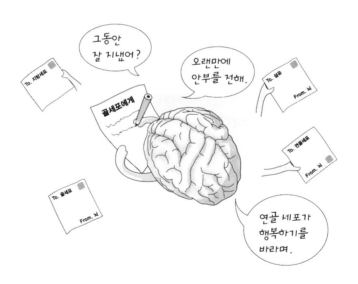

부치면 우체부 아저씨가 집집마다 전해 주듯 혈액이 호르몬을 세포마다 전해 준답니다.

전화와 편지는 목적은 비슷하지만 성격은 조금 다릅니다. 만약 여러분에게 급한 일이 생겼다면 편지를 써서 보내는 것이 빠를까요, 아니면 전화를 거는 것이 빠를까요? 당연히 전화가 빠르겠죠. 하지만 시간을 두고 천천히 해야 하는 일이라면 전화보다 편지가 좋을 것입니다. 편지가 전화보다 여운이 오래가기 때문이지요.

우리 몸도 마찬가지입니다. 빨라야 하는 일은 신경이 맡고, 시간이 오래 걸리고 복잡한 일은 주로 호르몬이 담당하는 경우가 많습니다. 예를 들어, 우리가 물건을 집을 때는 신경이 연락하지만 혈액 속의 포도당 농도를 일정하게 할 때는 호르몬이 연락을 하게 됩니다.

그렇다고 호르몬과 신경이 서로 아무런 관계없이 활동하는 것은 아닙니다. 신경과 호르몬이 함께 연락을 담당하는 경우도 있답니다. 다음 그림을 보세요.

먼저 신경으로 연락하고 다시 호르몬으로 연락하는 경우도 있지요. 전화로 먼저 연락한 뒤 다시 편지로 연락하는 경우라고나 할까요.

또 편지를 보내면 같은 내용을 다른 편지에 옮겨서 전해 주는 일도 있지요.

호르몬은 내분비샘에서 만들어집니다. 내분비샘은 호르몬샘이라고도 합니다.

__ 외분비샘은 내분비샘과 어떻게 다른가요?

외분비샘은 피부나 소화기로 분비되는 물질을 만드는 곳입니다. 예를 들어 침, 눈물, 젖, 땀 등은 우리 몸에서 분비되지만 호르몬과는 달리 몸 밖으로 분비됩니다. 반면 호르몬은 혈액으로 분비되지요. 그래서 이 둘을 외분비와 내분비로 구분하는 것입니다.

호르몬의 일부는 신경 조직에서 만들어지기도 합니다. 요즈음에는 내분비샘(호르몬샘)에서 만들어지는 호르몬 외에도 뇌에서 만들어지는 각종 신경 전달 물질, 그리고 우리 몸을 병원체로부터 방어하는 세포들 사이의 연락 물질도 호르몬으로 봐야 한다는 주장이 있습니다. 이러한 물질들도 정보를 전달하기 때문입니다. 이들에 대해서는 기회가 있으면 다시 이야기하도록 하겠습니다.

__호르몬은 어떤 물질로 되어 있나요?

 호르몬의 성분은 크게 2가지랍니다. 하나는 단백질이고, 다른 하나는 스테로이드입니다. 스테로이드는 독특한 구조를 가진 유기 화합물인데 대표적인 것으로 콜레스테롤이 있습니다. 우리가 흔히 말하는 남성 호르몬이나 여성 호르몬은 스테로이드 계통이고, 인슐린은 단백질입니다.

음~,
이건 동그랗고 단단하니까
사과 같아. 맞니?

와,
바로 맞혔네!

재밌는 놀이를 하고
있군요.

선생님, 손에 뭔가가 닿는 것과
동시에 '사과'라는 단어가 떠오
르는데, 이건 무엇 때문인가요?

손에 물체가 닿으면 그 즉시 뇌가
느끼기 때문인데, 이것은 신경이
라는 연락 수단이 우리 몸에 있
기 때문이에요.

신경이요?

그럼 신경 세포들은
어떻게 서로 연락을
하나요?

만약 신경 세포 A가 세포 B로 연락
을 하고 싶은 경우에 A가 길게 늘
어나서 B로 직접 가는 방법을 이용
하는데 이것이 신경이지요.

뇌세포 A에서 몸의 세포 B까
지 한 번에 연결되지 않는 경
우도 많은데 이럴 땐 몇 개의
신경 세포가 연결된답니다.

신경 이외에 우리 몸의
연락 수단은 또 무엇이
있나요?

호르몬이 있어요. A, B 두
세포가 멀리 떨어져 있을
때 혈액을 통해 호르몬이
온몸의 세포에게 두루 연
락을 취할 수 있지요.

신경이 전화라면 호르몬은
편지인 셈이네요.

2

호르몬의 발견

호르몬은 어떻게 발견되었을까요?
호르몬과 페로몬에 대해 알아봅시다.

2

두 번째 수업

호르몬의 발견

스탈링이 호르몬의
발견에 대해 이야기하며
두 번째 수업을 시작했다.

호르몬은 19세기 말경에 나와 베일리스가 발견했습니다. 먼저 위, 십이지장, 이자(췌장)의 위치를 아는 것이 중요합니다. 다음 그림을 살펴봅시다.

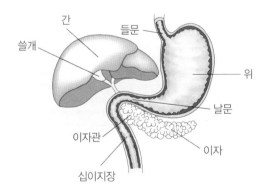

십이지장은 어디에 있나요? 위와 연결되어 위에서 음식물이 내려가면 바로 십이지장을 통과하게 되어 있습니다. 그리고 이자에서 나오는 소화액이 십이지장으로 들어갈 수 있도록 관으로 연결되어 있습니다. 음식물이 십이지장을 지나갈 때 이자에서 소화액이 나와 십이지장으로 흘러들어 가지요.

여기서 한 가지 의문이 생길 수 있습니다. 음식물이 십이지장을 지나가는 것을 이자가 어떻게 알 수 있느냐 하는 것입니다. 이자와 십이지장은 그림에서 보는 것처럼 떨어져 있는데 말이죠. 그 당시만 해도 우리 몸의 연락 수단은 신경밖에 없다고 생각했기 때문에 당연히 신경이 연락할 것이라고 생각했습니다. 그러나 당연하다고 여기는 것도 한 번 더 생각해 보는 것이 과학자의 특성 아니겠어요?

다음은 나와 베일리스가 한 실험입니다.

우리는 우선 동물의 이자로 연결되는 신경을 끊었습니다. 그런 다음 음식물을 먹지 않은 동물의 십이지장에 염산을 넣었습니다. 그런데도 이자액이 분비되는 것을 관찰할 수 있었습니다.

나와 베일리스는 신경이 없는데 이자액이 어떻게 분비될 수 있는지 궁금하게 여겼습니다. 즉, 십이지장에 염산이 들어온 것을 이자가 어떻게 아는지 그 점이 궁금했던 것이지요.

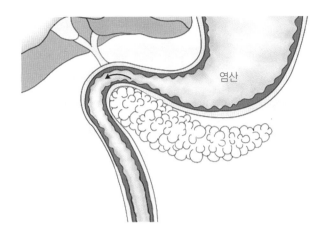

염산

　그래서 이번에는 십이지장 안쪽 벽을 잘라 내어 염산을 뿌린 뒤 짜낸 액을 혈관에 주입했습니다. 그랬더니 또 이자액이 분비되었습니다.

　이 결과를 어떻게 생각해야 할까요. 나와 베일리스는 실험 결과를 다음과 같이 해석했습니다.

1. 십이지장에 염산이 들어가면 십이지장 내벽에서 어떤 물질이 생긴다.

2. 이 물질은 혈관으로 분비되어 혈액과 섞인다.

3. 혈액에 들어간 물질은 혈관을 통해 이자로 간다.

4. 이 물질의 자극으로 이자에서 소화액이 분비된다.

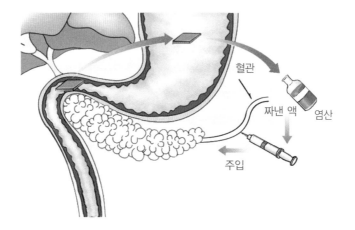

혈관

짜낸 액 염산

주입

　앞의 실험에서 염산을 이용한 것은 위에서 분비된 염산이 음식물에 섞여 십이지장으로 내려오기 때문입니다.

　이제 위의 2가지 실험을 다시 정리해 봅시다. 음식물이 십이지장을 지날 때는 이자에서 때맞춰 이자액이 나옵니다. 이때 십이지장에 음식물이 들어온 것을 이자가 어떻게 제때 알 수 있느냐 하는 것입니다.

　이 실험에 따르면 십이지장에서 이자로 혈액을 통해 연락하는 물질이 간다는 것을 알 수 있습니다. 즉, 음식물이 십이지장에 도착하면 이자에게 편지를 쓰는 것이지요.

　편지를 받은 이자는 즉시 십이지장으로 소화액을 내보냅니다. 이 실험이 호르몬을 발견한 최초의 실험입니다.

친애하는 이자 씨께

소화액을 만드느라 얼마나 수고가 많으네요? 지금 음식물이 들어왔습니다.

빨리 소화액을 내보내 줘야 되겠습니다.

십이지장 씀

나와 베일리스는 이 실험에서 연락을 담당하는 물질이 있는 것을 발견하고, 이러한 성질을 갖는 물질을 처음으로 호르몬이라고 불렀습니다. 호르몬은 그리스 어인 '하르마오'에서 나온 것으로 '자극하다'라는 뜻입니다.

우리 몸은 놀랍게도 외부와는 다른 독립된 세계를 이루고 있습니다. 몸 안에서 일어나는 일은 뇌의 지시 아래 잘 조절

됩니다. 마치 지휘자가 많은 연주자들을 지휘하여 아름다운 오케스트라를 만들어 내는 것에 비유할 수 있습니다. 뇌는 호르몬이라는 강력한 연락 물질을 통해 온몸을 조화롭게 조절하는 역할을 합니다.

잠깐 머릿속으로 호르몬의 모습을 한번 떠올려 보세요. 우리 몸을 조절하기 위해 수많은 호르몬이 온몸 구석구석으로 달려가는 모습들을 말이에요. 그리고 꼭 기억해 두세요. 덕분에 우리가 건강하게 살아가고 있다는 것을!

호르몬은 우리 몸을 조절하는 데 이용되는 연락 수단이다.

＿박사님, 질문이 있어요. 호르몬은 모든 생물에게 다 있나요?

세균처럼 세포가 하나만 있는 단세포 생물을 예로 들어 볼게요. 호르몬이 필요가 없겠지요? 세포끼리 연락할 일이 없으니까요. 이것은 세상에 나 혼자 산다면 휴대 전화가 쓸모없는 것과 같은 이치겠지요.

하지만 식물이나 곤충에도 호르몬이 있어요. 식물이 자라고 꽃을 피우고 열매를 맺도록 하는 데 호르몬이 작용하고, 곤충이 애벌레에서 번데기가 되고 번데기가 다시 성충이 될 때에도 호르몬이 작용을 합니다.

　__페로몬이란 뭔가요?

　페로몬은 몸 밖으로 내보내는 화학 물질인데, 대개는 공기 중으로 잘 퍼져 나가는 물질이에요. 동물이 새끼를 확인하거나 자신의 영역을 표시하는 일에서부터 짝을 부르는 등 의사소통의 신호로 사용된답니다.

　좀 더 구체적으로 말하면 벌이 분비하는 페로몬은 친구들에게 집의 위치나 꿀이 있는 위치를 알려 주는 작용을 합니다. 하지만 벌의 페로몬은 개미에게는 영향을 주지 않습니다. 만약 개가 분비하는 페로몬에 고양이가 반응하면 어떻게 될까요? 생물 세계가 무척 혼란스러워지겠지요. 페로몬은 주로 곤충이 분비하는 물질이지만 고등 동물에게도 페로몬은 있답니다.

　__그렇다면 사람에게도 페로몬이 있나요?

　페로몬은 특히 코 안에 서골비 기관이라고 불리는 제2의 후각 계통을 가진 동물의 번식 행동에 큰 영향을 끼친다고 합니다. 반면 사람의 코 안에는 페로몬을 느낄 수 있는 서골비 기관이 존재하지 않는다는 주장이 계속 있었습니다. 하지만 인간 페로몬의 존재를 뒷받침하는 연구 결과가 계속해서 발표되고 있으니 곧 그 존재가 밝혀지겠지요.

그리고 페로몬은 매우 다양한 기능을 가지고 있습니다. 이성을 유혹하는 기능, 위험을 알려 주는 기능, 생리적인 변화가 일어나게 하는 기능 등입니다. 생물은 자기 몸 안에서 연락하는 수단뿐만 아니라 친구들에게 연락하는 수단을 가지고 있다는 것만 기억하세요.

과학자의 비밀노트

페로몬(pheromone)

같은 종인 동물의 개체 사이의 의사소통에 사용되는 분비 물질이다. 예를 들면, 개미류의 집 속의 사회행동 조절이나 먹이가 있는 곳, 위험의 전달에서 볼 수 있다. 또한 후각이 발달한 포유류의 의사소통에서도 중요한 구실을 하는데, 몸에 페로몬 분비선을 가지고 그 분비물을 보통은 세력권(텃세권)의 표지에 사용한다. 코끼리는 뇌의 한 부위에, 사슴 종류는 눈 밑에, 캥거루는 가슴부에 이런 분비선을 가지고 있다. 구멍토끼는 자기 무리의 개체에 오줌을 서로 묻혀 표지하고 냄새로 다른 무리의 개체를 구별하여 공격한다. 또한 항문선 분비물의 냄새가 묻은 똥의 무더기로 텃세권을 표지한다.

호르몬을 스탈링 선생님이 발견하셨다는 게 사실이에요?

정확히는 19세기 말경에 나와 베일리스가 함께 발견한 거예요.

정말 대단하세요. 어떻게 발견하게 되신 건가요?

그 당시 우리는 십이지장으로 음식물이 지나가는 것을 이자가 어떻게 알 수 있는지를 알아보는 실험을 하고 있었어요.

이자

십이지장

이자와 십이지장은 떨어져있는데 어떻게 알지?

어떤 실험인가요?

동물의 이자로 연결되는 신경을 끊은 다음에 음식물을 먹지 않은 동물의 십이지장에 염산을 넣었어요. 그랬더니 이자액이 분비되는 것을 관찰할 수 있었지요.

염산

이자

십이지장

이자액 분비

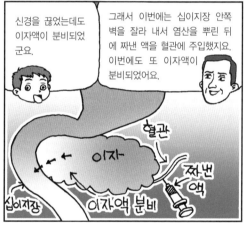

신경을 끊었는데도 이자액이 분비되었군요.

그래서 이번에는 십이지장 안쪽 벽을 잘라 내서 염산을 뿌린 뒤에 짜낸 액을 혈관에 주입했지요. 이번에도 또 이자액이 분비되었어요.

혈관

이자

짜낸 액

십이지장

이자액 분비

나와 베일리스는 실험 결과를 다음과 같이 해석했어요.

그렇군요.

십이지장에 염산이 들어감. → 십이지장 내벽에서 어떤 물질이 생김. → 혈관을 통해 이자로 감. → 이자에서 소화액이 분비됨.

우리는 이 실험에서 연락을 담당하는 물질이 있는 것을 발견하고, 이러한 성질을 갖는 물질을 처음으로 '호르몬'이라고 불렀지요.

그렇게 호르몬을 발견하신 거였군요.

빨리 전해 주어야지~

호르몬

3

호르몬의 작용 방법

호르몬은 어떻게 해서 표적 세포를 찾아갈까요?
호르몬과 수용체의 결합 방법에 대해 알아봅시다.

세 번째 수업

호르몬의 작용 방법

스탈링이 지난 시간에 배운
내용을 복습하며
세 번째 수업을 시작했다.

호르몬은 강물에 띄워 놓은 편지와 같다

지난 시간에 우리 몸에는 2가지 연락 수단이 있다고 했습니다. 하나는 신경이고 다른 하나는 호르몬입니다.

호르몬은 태어날 때부터 연락을 위해 태어난 물질입니다. 자기가 태어난 곳에 그냥 남아 있는 물질은 호르몬이 될 수 없답니다. 반드시 집을 떠나 새로운 곳으로 가야만 합니다. 이때 호르몬이 떠날 수 있도록 도와주는 교통 수단 역할을 혈액이 하게 됩니다.

　호르몬이 찾아가는 세포를 표적 세포라고 합니다. 표적을 영어로는 '타깃(target)'이라고 하지요. 그래서 표적 세포를 타깃 셀(target cell)이라고도 합니다.

　여기서 여러분은 한 가지 의문이 생길 것입니다. 호르몬은 어떻게 해서 표적 세포를 찾아갈까 하는 의문 말입니다.

　편지에 적힌 주소는 우체부가 가야 할 곳을 알려 주지만 혈액은 호르몬이 가야 할 곳을 모릅니다. 호르몬 역시 자신이 찾아가야 할 표적 세포를 알지 못합니다. 그냥 집을 떠나는 거지요. 하지만 호르몬의 연락을 받아야 할 표적 세포는 호르몬을 바로 알아봅니다.

호르몬을 받아들이는 장치가 있다

표적 세포는 어떻게 호르몬을 알아볼 수 있을까요? 다음 그림을 보면서 해답을 찾아보기로 해요.

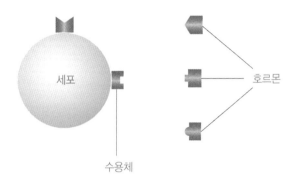

세포 표면에는 위 그림과 같이 외부에서 오는 물질을 받아들이는 장치가 있습니다. 이러한 장치를 수용체라고 부릅니다.

위 그림은 세포 표면에 있는 수용체가 호르몬과 짝을 이루는 모습을 나타내고 있습니다.

어떤 호르몬이 분비되었다고 가정해 봅시다. 그 호르몬은 혈액을 타고 온몸으로 이동하게 됩니다. 그러다가 자기와 짝이 맞는 표시를 가진 세포와 만나면 단단히 결합하지요. 즉, 호르몬이 세포를 찾아간다기보다는 세포 곁을 지나가는 호르몬과 세포 바깥 부분, 수용체의 짝이 서로 맞아 결합하는

짝이 안 맞아
결합 하지 못함

것입니다.

이렇게 세포 표면의 수용체와 호르몬이 만나게 되면 메시지가
전달됩니다. 물론 짝이 맞는 수용체가 없으면 호르몬이 오더라도
온 것을 알 수가 없습니다.

이것은 열쇠와 자물쇠의 관계에 비유할 수 있습니다. 자물쇠와
열쇠의 짝이 서로 맞지 않으면 문이 열리지 않는 이치와 같지요.

우리는
짝꿍!

수용체와 호르몬의 짝이 맞아야만 호르몬이 왔다는 것을 알아차리고 세포 안에서 어떤 움직임이 일어나게 됩니다.

하나의 세포에는 여러 종류의 수용체가 있다

우리 몸에는 수천 가지의 수용체가 있습니다. 그리고 하나의 세포는 500개에서 수만 개에 이르는 같은 종류의 수용체를 가질 수 있습니다. 뿐만 아니라 하나의 세포는 여러 종류의 수용체도 가질 수 있습니다. 이것은 무엇을 의미할까요? 세포에서 일어나는 일이 그만큼 여러 가지라는 것을 나타냅니다.

클릭 클릭

컴퓨터 모니터를 한 번 생각해 볼까요. 모니터 창에는 여러 가지 단추가 있습니다. 하나의 아이콘을 마우스로 클릭하면 어떤 프로그램이 진행됩니다. 그리고 다른 아이콘을 누르면 또 다른 일이 일어납니다.

윈도우에 있는 하나의 아이콘은 세포막에 있는 하나의 수용체와 같다고 볼 수 있습니다. 그리고 마우스로 아이콘 하나를 클릭하는 것은 호르몬이 하나의 수용체와 결합하는 것과 같습니다. 어떤 호르몬이 와서 어떤 수용체를 클릭하느냐에 따라 활동이 달라지는 것입니다.

하나의 수용체 호르몬이 결합하면
여러 가지 일이 일어난다

하나의 프로그램 안에서도 여러 가지 일이 일어날 수 있습니다. 예를 들어, 우리가 파워포인트 프로그램을 작동시켰다고 생각해 봅시다.

프로그램을 작동시키면 많은 활동이 일어납니다. 슬라이드 쇼를 작업할 경우 날아오기, 흩뿌리기 등 여러 가지 기능을 발휘할 수 있습니다. 그리고 파워포인트로 내용을 편집할 경우에는 복사, 스크랩 등 여러 기능을 쓸 수 있습니다.

우리 몸의 세포도 마찬가지입니다. 하나의 수용체에 호르

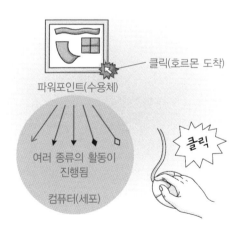

클릭(호르몬 도착)

파워포인트(수용체)

여러 종류의 활동이
진행됨

컴퓨터(세포)

클릭

몬이 결합하면 딱 하나의 일만 일어나는 것이 아니라 뇌의 명령을 수행해 내기 위해 여러 가지 활동을 전개합니다.

예를 들어, 세포에서 열을 많이 내라는 신호 호르몬이 도착했다고 생각해 보세요. 이 명령을 수행하기 위해 수많은 화학 반응이 연쇄적으로 일어나게 됩니다. 마치 파일, 편집, 보기, 도구 등과 같이 여러 기능이 있고, 편집 메뉴를 클릭하면 찾기, 찾아 바꾸기, 골라 붙이기 등 다양한 메뉴를 실행할 수 있는 것과 마찬가지입니다.

그러므로 한 종류의 호르몬이 세포의 문을 두드리는 행동은 세포 안에 엄청난 활동이 일어나도록 만드는 강력한 신호가 되는 것입니다. 이것은 세포가 하나의 프로그램을 실행하는 것과 같은 이치입니다.

여기서 이야기를 잠시 되돌려 보겠습니다. 어떤 프로그램을 실행시키고 싶어도 윈도우에 프로그램에 해당하는 아이콘이 없으면 안 되는 것과 마찬가지로, 하나의 호르몬이 세포에 도달하더라도 수용체가 없으면 아무런 반응도 일어나지 않습니다.

컴퓨터는 하나의 마우스로 여러 가지 프로그램을 실행시킬 수 있지만, 세포의 경우 수용체라는 프로그램을 누르는 마우스가 따로 정해져 있습니다. 호르몬의 신호를 받아들이는 수용체는 세포 표면에 있다고 앞에서 말했습니다. 컴퓨터를 켜면 모니터에 아이콘이 보이듯 말입니다. 그러나 모든 수용체가 세포막에만 있는 것은 아닙니다. 여러분의 이해를 돕기 위해 세포의 기본 구조를 살펴보겠습니다.

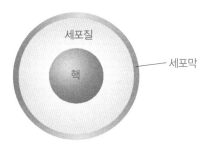

세포는 크게 핵, 세포질, 세포막의 3부분으로 구성되어 있습니다. 핵은 세포에 명령을 내리는 일을 합니다. 핵 속에 DNA가 들어 있기 때문이지요. 세포질은 핵의 명령에 따라 일을 하는 곳입니다. 공장의 작업장이라고나 할까요? 그에 비해 세포막은 울타리와 비슷한 역할을 합니다. 그러나 그냥 울타리가 아니라 위에서 말한 것처럼 호르몬이나 다른 여러 화학 물질을 알아보는 수용체가 있고, 물질을 운반하는 문이 있는 그야말로 다용도 울타리입니다.

수용체가 세포 안에 있는 경우도 있다

호르몬이 세포에 다가왔을 때 어떤 호르몬은 세포 안으로 직접 들어오기도 합니다. 이런 경우는 수용체가 세포막에 있는 게 아니라 세포 안에 있는 경우입니다. 마치 컴퓨터 모니터가 아니라 탐색기로 찾아서 프로그램을 실행시켜야 하는 것처럼 말입니다.

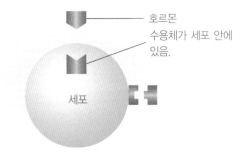

호르몬
수용체가 세포 안에 있음.

세포

위의 그림처럼 수용체가 세포 안에 있을 때는 호르몬이 세포막을 잘 통과할 수 있습니다. 이런 경우는 호르몬의 크기가 조금 작다고 생각하면 됩니다. 이때는 대개 세포 안의 수용체와 결합한 호르몬이 DNA 활동에 영향을 주게 됩니다. 그래서 세포가 DNA의 지시에 따라 일을 시작하지요. 즉, 호르몬

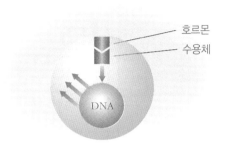

호르몬
수용체

DNA

이 DNA에게 전달하고, DNA는 세포가 해야 할 일을 정해 주는 것이라고 볼 수 있습니다.

지금까지 호르몬과 수용체에 대해 이야기했습니다. 우리 몸 안에는 다양한 종류의 호르몬이 있고, 또 그만큼 다양한 수용체가 있습니다. 한 호르몬이 세포에 다가오면 그에 맞는 수용체가 호르몬을 받아들여 세포가 활동하게 됩니다.

만일 세포의 수용체가 고장이 나면 어떻게 될까요? 호르몬이 열심히 수용체를 두드려도 수용체는 아무런 반응도 보이지 않겠지요. 그렇게 되면 세포는 점점 활력을 잃어 갈 것입니다. 그리고 마침내 세포는 죽게 되겠지요. 우리 몸은 활동하지 못하는 세포를 그냥 내버려 두지 않기 때문입니다.

선생님, 편지는 제가 써 넣은 주소로 배달이 되는데 호르몬은 자신이 찾아가는 세포를 어떻게 알 수 있나요?

호르몬은 연락을 위해 태어난 물질이니까 반드시 집을 떠나 새로운 곳으로 가야 해요.

이때 호르몬의 교통수단은 혈액이지요. 그리고 호르몬이 찾아가는 세포를 표적 세포라고 해요.

목표가 되는 세포라서 표적 세포군요.

호르몬→

혈관

그런데 호르몬은 자신이 찾아가야 할 표적 세포를 알지 못해요. 하지만 호르몬의 연락을 받아야 할 표적 세포는 호르몬을 바로 알아볼 수 있어요.

그러면 표적 세포는 어떻게 호르몬이 온 것을 알 수 있나요?

이봐, 호르몬! 넌 나와 짝꿍이야.

표적 세포

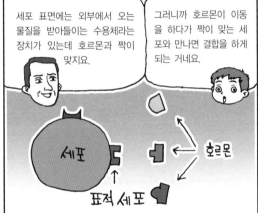

세포 표면에는 외부에서 오는 물질을 받아들이는 수용체라는 장치가 있는데 호르몬과 짝이 맞지요.

그러니까 호르몬이 이동을 하다가 짝이 맞는 세포와 만나면 결합을 하게 되는 거네요.

세포

호르몬

표적 세포

그렇지요. 호르몬이 세포를 찾아간다기보다는 세포 곁을 지나가는 호르몬과 세포 바깥 부분의 짝이 서로 맞아 결합하는 것이지요.

그런 방식이었군요.

세포

짝이 안 맞아 결합 못함

우리 몸에는 수천 가지의 수용체가 있고 세포는 수만 개에 이르는 같은 종류의 수용체를 가질 수 있어요. 뿐만 아니라 여러 종류의 수용체도 가질 수 있답니다.

그만큼 세포에서 일어나는 일이 여러 가지라는 것이군요.

4

호르몬의 분비 조절

호르몬 분비는 어느 기관에서 조절할까요?
호르몬의 분비 조절에 대해 알아봅시다.

네 번째 수업

호르몬의 분비 조절

스탈링이 이번 시간에 배울
내용을 이야기하며
네 번째 수업을 시작했다.

이번 시간에는 호르몬의 분비량이 어떻게 조절되는지를 알
아보겠습니다. 항상성, 그러니까 몸의 내부 상태를 일정하게
유지하도록 조절하는 것은 사이뇌(간뇌)입니다.

호르몬 분비는 사이뇌의 시상 하부가 조절한다

사이뇌는 대뇌 아래에 있습니다. 사이뇌에는 시상 하부라
는 부분이 있습니다. 이 부분에서 우리 몸의 상태를 감지하

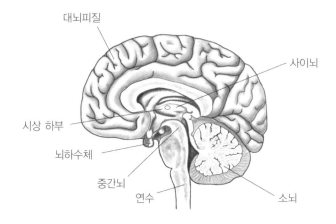

대뇌피질

사이뇌

시상 하부

뇌하수체

중간뇌

연수

소뇌

며, 호르몬과 신경을 통해 우리 몸의 상태를 조절합니다. 그러므로 우리 몸의 호르몬 분비량은 사이뇌의 시상 하부가 조절한다고 볼 수 있습니다. 물론 그렇지 않은 호르몬도 있지만 말이에요.

사이뇌 아래에는 뇌하수체 주머니가 있습니다. 뇌하수체는 사이뇌의 명령을 받아 여러 가지 호르몬을 분비하고, 또 다른 내분비샘을 조절하는 호르몬을 분비하기도 합니다. 호르몬 분비 조절에서 사이뇌가 교장 선생님이라면 뇌하수체는 교감 선생님으로 비유할 수 있지요. 왜냐하면 사이뇌는 호르몬을 통해 뇌하수체에 지시를 내리기 때문입니다.

교장 선생님이 학생들에게 전달 사항이 있을 경우, 먼저 교장 선생님은 교감 선생님에게 지시 사항을 전달하겠죠. 그럼 교감 선생님은 학생들에게 어떻게 지시 사항을 전달할까요? 2가지 방법이 있습니다. 하나는 담임 선생님을 통해 전달하는 방법이고, 다른 하나는 학생들에게 직접 전달하는 방법입니다. 아래 그림에서 담임 선생님에 해당되는 것은 무엇일까요? 다른 내분비샘이 되겠죠. 그렇다면 학생에 해당되는 부분은 몸의 세포들일 것입니다.

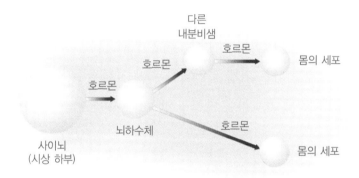

호르몬은 알맞게 분비되어야 한다

지난 시간에는 호르몬과 수용체에 대해 이야기했습니다. 그리고 호르몬이 세포에 대해 매우 강력한 영향을 미친다는 것도 언급했지요. 그런데 호르몬이 너무 많이 만들어지면 어떻게 될까요?

불필요한 신호가 세포에 계속 보내질 것이고, 그렇게 되면 세포는 신호가 오는 대로 일을 할 것입니다. 세포 하나하나는 몸 전체를 파악하는 능력이 없기 때문에 주로 뇌가 시키는 대로 일을 한다고 생각하면 됩니다.

세포들이 어떤 일을 지나치게 많이 하는 것은 우리 몸 전체로 보면 바람직하지 않은 일입니다. 뇌하수체에서 분비되는 성장 호르몬이 과도하게 분비되면 키가 너무 자라 거인이 되고, 반대로 너무 적게 분비되면 키가 자라지 않게 됩니다. 그렇기 때문에 호르몬은 반드시 알맞게 분비되어야 합니다.

그렇다면 호르몬을 어떻게 분비하도록 해야 할까요? 예를 들어 볼게요. 화장실 변기 속이나 수조에는 아래의 그림처럼 하얀 공이 물 위에 떠 있습니다. 이 공을 떠 있는 공이라는 뜻의 '부구'라고 합니다. 부구는 물이 빠지면 내려가고 물이 차면 떠오르게 됩니다.

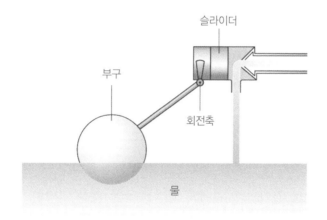

물이 빠지면 부구가 아래로 내려가면서 구멍을 열어 물이 나오고, 물이 차면 부구가 떠올라 구멍을 막는 원리이지요. 이렇게 물에 의해 물이 나오는 것이 억제되는 것을 '되먹임'이라고 합니다. 영어로는 '피드백(feedback)'이라고 합니다. 여기서 피드(feed)란 먹인다는 뜻이에요.

뇌하수체의 호르몬 분비 조절도 이와 같아요. 예를 들어, 성장 호르몬이 과도하게 분비되면 사이뇌의 수용체에 성장 호르몬이 결합하면서 사이뇌에서 뇌하수체로 성장 호르몬을 분비하라는 신호가 가지 않게 됩니다. 그러면 성장 호르몬의 분비가 감소하게 되지요.

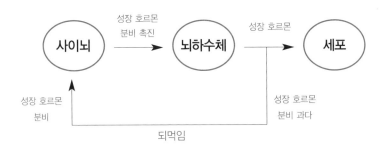

호르몬은 이와 같은 되먹임 원리에 의해 분비가 조절됩니다. 사이뇌가 원인에 해당된다면 호르몬은 결과라 할 수 있지요. 결국 결과가 원인에게 영향을 주는 것을 되먹임이라고 합니다.

다음 말을 기억했으면 좋겠습니다.

되먹임이란 결과가 원인에 영향을 주는 것이다.

일상생활에서 이 같은 되먹임 원리로 조절되는 것이 또 있을까요? 다리미가 있습니다. 다리미는 일정한 온도가 되면 전원이 차단되고, 온도가 내려가면 다시 전원이 연결됩니다. 열이 다리미와 전원 사이의 연결을 조절하는 셈이지요. 그렇다면 다리미의 온도 조절에서 원인 역할을 하는 것은 무엇일까요? 그리고 결과는요? 여기서 원인은 전원이고 결과는 열입니다. 결과(열)가 원인(전원)에 영향을 주어 되먹임이 일어나게 됩니다.

__수용체와 결합한 호르몬은 어떻게 되나요?

참 좋은 질문입니다. 얘기를 열심히 들었군요. 세포의 수용체와 결합한 호르몬은 어떻게 될까요? 계속해서 신호를 보내면 안 되겠지요? 수용체와 결합한 호르몬은 대부분 결합한 세포에 의해서 분해가 된답니다. 물론 호르몬에 따라 몸에 남아 있는 시간이 다르긴 하지만요. 남은 호르몬은 주로 간에서 분해가 된 다음 오줌으로 배출됩니다. 그래서 오줌 성분은 몸 상태를 알 수 있는 중요한 힌트가 되지요.

선생님, 호르몬과 신경을 통해서 우리 몸의 상태를 조절하는 곳은 어디인가요?

시상하부

몸의 호르몬 분비량은 대뇌 아래에 위치하고 있는 사이뇌의 시상하부가 조절해요. 물론 그렇지 않은 호르몬도 있어요.

좀 더 자세히 알려 주세요.

간뇌 아래에 있는 뇌하수체 주머니가 간뇌의 명령을 받아서 여러 가지 호르몬을 분비하고, 또 다른 내분비샘을 조절하는 호르몬을 분비하기도 해요.

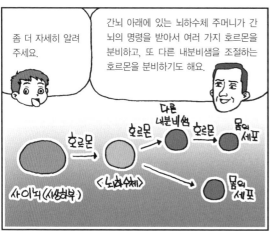

그렇군요.

사이뇌는 호르몬으로 뇌하수체에 지시하기 때문에, 사이뇌를 교장 선생님, 뇌하수체는 교감 선생님에 비유할 수 있어요.

교장 선생님의 지시를 받은 교감 선생님은 담임 선생님을 통해 전달할 수도 있고, 학생들에게 직접 전달할 수도 있겠네요?

그렇지요. 담임선생님에 해당되는 것이 내분비샘이 되고, 학생에 해당되는 부분은 몸의 세포들이에요.

그럼 호르몬이 너무 많이 만들어지면 어떻게 되나요?

불필요한 신호가 세포에 계속 보내지고, 세포는 신호가 오는 대로 일을 해요. 세포 하나하나는 몸 전체를 파악하는 능력이 없지요.

그래서 만약 뇌하수체에서 분비되는 성장 호르몬이 과도하게 분비되면 너무 자라 거인이 되고, 또 너무 조금 분비되면 키가 자라지 않아 난쟁이가 되지요.

호르몬 분비는 반드시 알맞게 되어야겠네요.

호르몬 부족

호르몬 과다

뇌하수체

뇌하수체는 어떤 일을 할까요?
체구는 작지만 대단한 일을 하는 뇌하수체에 대해 알아봅시다.

5

다섯 번째 수업

뇌하수체

스탈링의 다섯 번째 수업은 뇌하수체에 대한 것이었다.

지금까지 호르몬이 무엇인지, 세포가 어떻게 호르몬을 알아보는지, 그리고 호르몬의 분비량은 어떻게 조절되는지를 알아보았습니다. 조금 어려울 수도 있겠지만 호르몬을 이야기하면서 꼭 알아야 할 내용들이랍니다.

이번 시간부터는 우리 몸에 중요한 작용을 하는 호르몬에 대해서 알아보려고 합니다. 이 시간을 통해 호르몬이 우리 몸을 어떻게 조절하는지 알게 될 거예요. 그리고 우리 몸이 얼마나 치밀하게 조절되고 있는지도 느낄 수 있을 것입니다.

먼저 우리 몸에서 호르몬을 분비하는 부분을 그림으로 알

아봅시다. 다음은 내분비샘을 나타낸 그림입니다. 이에 대해
하나하나 알아봅시다.

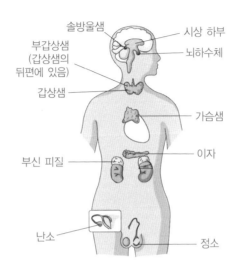

솔방울샘
부갑상샘
(갑상샘의
뒤편에 있음)
시상 하부
뇌하수체
갑상샘
가슴샘
부신 피질
이자
난소
정소

뇌하수체 – 내분비샘의 부두목 역할

뇌하수체의 크기는 작은 완두콩만 합니다. 사이뇌 아래에
조그맣게 매달려 있지요. 뇌하수체는 체구는 작지만 매우 대
단한 일을 한답니다. 여러 호르몬의 분비를 조절하는 호르몬
들을 분비하거든요.

목에 있는 갑상샘(갑상선)에서는 티록신이라는 호르몬을 분

비하는데, 이 호르몬은 물질 대사를 촉진하고, 생장 발달을 조절해요. 이런 티록신의 분비를 조절하는 데 뇌하수체가 관여한답니다.

사이뇌는 체온이 떨어지면 다음과 같은 생각을 합니다.

"흠, 몸에 열이 부족해. 온몸의 세포들에게 열을 내라고 지시해야겠어. 우선 뇌하수체에게 편지(호르몬)를 써야겠군."

뇌하수체에게

지금 몸에 열이 부족해 체온이 내려가는 건 같소. 갑상샘에게 연락하여 온몸에 편지(티록신)를 써서 열을 내라고 하시오.

나이뇌가

이 편지를 받은 뇌하수체는 다시 갑상샘에게 편지를 씁니다.

갑상샘에게

방금 두목(나이뇌)이 나에게 명령을 내렸소. 빨리 온몸에 열을 내라는 지시를 전달하라고 했소. 서두르시오.

뇌하수체가

이 편지를 받은 갑상샘은 다시 온몸의 세포에게 편지(티록신)

를 보냅니다.

네포에게

　방금 부두목 뇌하수체로부터 연락을 받았소. 체온이 떨어지고 있으니 열을 내라는 명령이오. 이 편지를 받는 즉시 영양소를 분해하여 열을 내도록 하니오.

갑상샘이

　갑상샘의 편지를 읽은 세포는 열을 내는 일을 시작합니다. 뇌하수체는 다른 내분비샘에게도 사이뇌의 명령을 전한답니다. 이때 편지의 내용은 사이뇌가 정하지요. 이런 절차를 거쳐 호르몬의 분비를 조절하는 호르몬이 뇌하수체에서 나옵니다. 위의 내용을 정리해 볼까요?

　사이뇌가 추위를 감지 → 뇌하수체 → 갑상샘 → 각 세포 → 세포가 열을 냄.

　세포가 열을 내려면 여러 가지 경로의 반응이 일어나야 합니다. 겨울에 추워서 보일러를 작동시킬 때 석유를 넣고 스위치를 올리고 보일러에 물을 넣어 줘야 하듯이, 세포가 열을 내기 위해서는 여러 가지 일을 해야 해요. 이와 관련해서는 나중에 자세하게 이야기할 기회가 있을 거예요.

뇌하수체 – 성장 호르몬 분비

여러분은 누구나 키가 컸으면 하는 소망을 가지고 있을 거예요. 요즈음에는 2m가 넘는 농구 선수, 배구 선수들이 많이 있고, 큰 키 덕분에 스타 대접을 받는 운동선수도 많이 있습니다.

2m가 넘는 선수가 농구와 배구가 없던 시대에 태어났다면 어떻게 되었을까요? 아마도 큰 키 때문에 생활하는 것이 불

편하기만 했지 그다지 유익한 점은 없었을 것입니다.

우리 몸이 자라도록 촉진하는 호르몬이 바로 성장 호르몬입니다. 성장 호르몬은 뇌하수체에서 분비되지요. 지난 시간에 말한 것처럼 성장 호르몬이 많이 분비되면 거인이 되고, 성장 호르몬의 분비가 부족하면 난쟁이가 됩니다. 2m가 넘는 선수들은 성장 호르몬이 많이 분비된 사람들이지요.

반대로 성장 호르몬이 제대로 분비되지 않아 난쟁이가 되는 사람도 있습니다. 이처럼 몸집이 기형적으로 작은 사람들은 생활하는 데 많은 불편을 겪을 뿐만 아니라 사람들의 이상한 시선을 받아야 하는 어려움이 있답니다.

만약 어린 시절에 성장 호르몬 주사를 맞으면 난쟁이가 되는 것을 막을 수 있을까요? 이런 일도 있었어요. 성장 호르몬이 잘 분비되지 않는 어린이에게 죽은 사람의 뇌하수체에서 얻은 성장 호르몬을 주사하여 치료한 적이 있었는데 효과가 있었다고 해요. 그러나 약 50명의 뇌하수체에서 얻을 수 있는 성장 호르몬의 양이 한 사람에게 1년 동안 공급해 줄 수 있는 양밖에 되지 않아서 아주 소수의 어린이만 치료받을 수 있었어요.

참고로 말하자면 호르몬은 아주 적은 양만 있어도 기능을 발휘합니다. $\frac{1}{1000000}$ mg 정도만으로도 몸에 지대한 영향을 주며 활동을 합니다. 이렇게 아주 적은 양으로 작용을 한다는 것은 분비를 조절하기 어렵다는 말이기도 합니다. 하나의 호르몬이 많이 분비되거나 적게 분비되었을 때 그 부작용은 매우 심각하답니다. 우리가 정상적인 몸으로 살아가고 있다면 그것은 호르몬이 제대로 분비되고 있다는 증거입니다.

한편 호르몬이 제대로 분비되더라도 세포에서 호르몬을 알아보는 수용체 수가 적어서 몸에 이상이 생기는 경우도 있습니다. 성장 호르몬이 제대로 분비되었는데 키가 작은 경우를 조사해 보니 수용체의 수가 적었다는 연구 결과가 나왔습니다.

뇌하수체 – 젖분비 조절

엄마가 아기에게 젖을 먹이는 사진을 보면 보는 사람의 마음도 편안해집니다. 눈을 감은 채 엄마 젖을 먹고 있는 아이의 표정은 매우 평화롭지요. 아기에게 엄마 품에 안겨 젖을 먹는 순간보다 더 행복한 때가 있을까요? 엄마 젖을 먹으면 아기는 건강해질 뿐만 아니라 정서적인 안정감을 갖게 되고, 자라면서 풍부한 감성도 갖게 됩니다.

여성은 아기를 낳으면 젖이 나옵니다. 하지만 아기를 갖지 않을 때는 젖이 나오지 않는답니다. 이렇게 때에 따라 젖이 나오는 것은 뇌하수체에서 분비되는 젖분비 호르몬(프로락틴) 때문입니다. 이 호르몬은 엄마의 가슴을 크게 만들고 젖이 풍부하게 나오도록 하며 모성 본능이 생기도록 만들어 주지요.

젖분비 호르몬이 때맞춰 나오는 것은 사이뇌가 아기를 출산한 이후의 신체 변화를 감지하기 때문입니다. 사이뇌가 몸의 변화를 감지하여 뇌하수체에게 명령을 내리면 뇌하수체는 엄마의 가슴이 발달하고 젖이 많이 생기도록 젖분비 호르몬을 분비하는 것입니다.

사실 아기를 출산하고 젖을 분비하는 것은 모두 호르몬이 조절하여 일어나는 일입니다. 자손을 낳고 키우는 생식 능력에는 호르몬의 역할이 중요합니다.

뇌하수체 – 여성의 생식 주기를 조절하는 호르몬 분비

시기를 맞춰 생식에 관련된 변화가 일어나는 것은 때가 되었으니 일을 하라고 알려 주는 호르몬이 있기에 가능한 일입니다. 여성의 생식 주기가 나타나는 것도 뇌하수체의 호르몬 때문이에요.

여성의 생식 주기는 28일입니다. 28일 주기로, 마치 달이 차고 기우는 것처럼, 자궁 안쪽 벽이 두꺼워졌다 얇아졌다 한 답니다.

자궁 안쪽 벽이 두꺼워졌을 때 난소에서 난자가 나옵니다. 벽이 가장 두꺼워졌을 때가 아기를 갖기에 좋은 때이지요.

하지만 난자가 정자를 만나지 못하면 다시 자궁 안쪽 벽이 얇아진답니다. 이때 월경이 시작됩니다. 이러한 주기가 반복 되는 기간이 보통 28일입니다. 이러한 주기가 나타나는 것도 뇌하수체에서 분비되는 호르몬 때문이랍니다.

__ 여성 호르몬은 생식 주기와 어떤 관련이 있나요?

우리가 흔히 말하는 여성 호르몬은 에스트로겐(소포 호르 몬)이라는 호르몬이에요. 이 호르몬은 뇌하수체의 호르몬에 의해 난소가 자극을 받으면 분비됩니다. 그런데 에스트로겐 은 다시 뇌하수체에 영향을 줍니다. 뇌하수체와 난소는 서로 작용하며 28일 주기를 만들지요.

아기가 태어나는 것도 호르몬의 작용이에요. 출산 일이 되 면 자궁 속에 있는 아기는 나갈 준비를 합니다. 하지만 아기 스스로 태어날 수는 없답니다. 뇌하수체에서 자궁 수축 호르 몬을 분비하면 이 호르몬이 자궁 세포에게 아기가 나갈 때가

되었다고 알려 줍니다. 그러면 자궁이 수축하고 진통이 시작
되어 아기가 태어나게 됩니다. 태어나서 죽을 때까지 사람의
일생 동안 호르몬이 관계하고 있는 셈입니다.

과학자의 비밀노트

뇌하수체 호르몬과 기능

호르몬의 종류	호르몬의 기능
성장 호르몬	몸의 성장 촉진
생식선 자극 호르몬	정소 및 난소의 발달과 정자 및 난자의 생성 촉진
프로락틴	젖분비 촉진
부신 피질 자극 호르몬	부신 피질 호르몬 분비 촉진
갑상샘 자극 호르몬	갑상샘 호르몬 분비 촉진
옥시토신	자궁 수축
항이뇨 호르몬	콩팥에서 수분 재흡수 촉진

선생님, 호르몬이 우리 몸을 어떻게 조절하는지 아직도 잘 모르겠어요.

그럴 거예요. 호르몬이 우리 몸을 어떻게 조절하는지, 우리 몸이 얼마나 치밀하게 조절되고 있는지를 알려 줄게요.

이것은 우리 몸의 호르몬샘 여섯 가지를 나타낸 그림인데 우리의 건강과 직접적인 관련이 있는 호르몬들이에요.

하나하나 자세하게 알려 주세요.

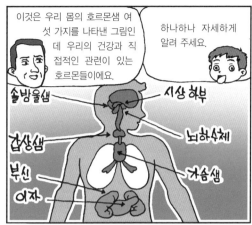

솔방울샘 / 시상 하부 / 갑상샘 / 뇌하수체 / 부신 / 가슴샘 / 이자

먼저 뇌하수체는 사이뇌 아래에 작은 완두콩만 하게 매달려 있는데 여러 호르몬의 분비를 조절하는 호르몬들을 분비하지요.

체구도 작은데 매우 대단한 일을 하네요.

뇌하수체 / 대뇌피질 / 소뇌

목에 있는 갑상샘은 어떤 역할을 하나요?

갑상샘에서는 세포에서 열을 내도록 하는 티록신이라는 호르몬을 분비해요. 이런 티록신의 분비를 조절하는 데 뇌하수체가 관여하지요.

갑상샘 / 열을 내자 열을~!! / 티록신

예를 들어 사이뇌가 추위를 감지하면 뇌하수체에게 통보를 하고 뇌하수체는 갑상샘에게, 갑상샘은 각 세포에게 연락을 해서 세포가 열을 내는 것이죠.

그렇군요.

사이뇌가 추위를 감지 → 뇌하수체 → 갑상샘 → 각 세포에게 연락 → 세포가 열을 냄.

그리고 호르몬은 아주 적은 양만 있어도 기능을 발휘하는데, mg 정도만으로 몸에 지대한 영향을 주며 활동을 하지요.

아주 적은 양으로도 작용을 한다는 것은 분비 조절이 어렵다는 말도 되겠네요.

6

호르몬의 기능

건강하다는 것을 어떻게 설명할 수 있을까요?
우리 몸을 건강하게 조절해 주는 호르몬의 기능에 대해 알아봅시다.

6

여섯 번째 수업

호르몬의 기능

스탈링이
첫 번째 수업 내용을 상기시키며
여섯 번째 수업을 시작했다.

첫 시간에 우리 몸의 상태가 일정하게 유지된다는 것을 이
야기한 적이 있지요. 이 시간에는 몸의 상태를 일정하게 하는
것, 즉 항상성에 대해 좀 더 자세하게 이야기를 하려고 해요.
물론 항상성에 아주 중요한 역할을 하는 호르몬 이야기도 할
거예요.

여러분은 '건강하다'라는 것을 어떻게 설명하겠어요? 현대
의학에서는 '건강하다'라는 것의 의미를 몸이 일정하게 잘 조
절되는 상태라고 말하기도 합니다. 질병은 바로 몸의 조절 능
력에 문제가 생긴 거라고 보는 거죠. 예를 들어 체온, 혈당,

심장 박동수, 혈액의 칼슘 농도, 몸속의 물의 양 등은 우리가 의식하지 못하는 사이에 일정하게 유지되고 있습니다. 그런데 체온이 일정하지 않다든가, 가만히 있는 데도 심장 박동수가 빨랐다 느렸다 하면 건강한 상태가 아닌 것입니다.

우리 몸이 건강하려면 조절이 잘되어야 하는데 호르몬이 이러한 기능에 중요한 역할을 한다는 것을 첫 시간에 이야기했었지요. 그런데 이러한 조절 기능에 호르몬만 관계하는 것은 아닙니다. 또 무엇이 있을까요?

__우리 몸의 전화인 신경요.

그렇죠! 신경도 관련이 있답니다. 우리 몸은 어떤 때는 편지로, 또는 전화로, 또 어떤 때는 전화와 편지를 함께 써서 연락하고 조절한답니다.

체온을 일정하게 조절한다

체온을 일정하게 하는 데에도 호르몬의 역할이 큽니다. 하지만 여기서는 체온을 일정하게 유지하는 원리를 좀 더 넓은 범위에서 살펴보겠습니다.

날씨가 추워진다고 가정해 봅시다. 날씨가 추워지면 우리는 어떻게 하죠? 창문을 닫고 난로를 피우겠죠. 창문을 닫는 것은 방 안의 열이 밖으로 빠져나가는 것을 막기 위해서이고, 난로를 피우는 것은 실내 온도를 높이기 위해 열을 발생시키기 위해서입니다.

우리 몸도 날씨가 추워지면 창문을 닫고 난로를 피운답니다. 그럼 우리 몸에서 창문을 닫는 것에 해당하는 것은 무엇일까요?

첫째, 피부 아래에 있는 혈관을 수축시킴으로써 열이 밖으로 빠져나가는 것을 막는 것입니다. 혹시 목욕탕에 가면 얼굴이 붉어지는 이유를 알고 있나요? 그것은 얼굴 피부 아래에 있는 모세 혈관을 확장시켜, 혈액이 피부 아래로 많이 오도록 만들어 열을 방출시키기 위한 것입니다. 그래야 열이 빠져나가 높아진 체온을 낮출 수 있기 때문입니다.

이해를 돕기 위해 그림으로 좀 더 자세히 알아보겠습니다. 다음 쪽에 나오는 그림은 사람의 피부 가까이 있는 모세 혈관을 그린 것입니다.

아래쪽이 피부 표면이고, 위쪽이 피부 안쪽입니다. 추울 때는 피부 가까이 있는 혈관의 괄약근이 수축하여 혈액이 덜 가게 되고, 그 결과 열이 적게 빠져나가게 됩니다. 반대로 더울 때는 괄약근이 이완하여 피부 쪽의 혈관으로 혈액이 많이 가게 됩니

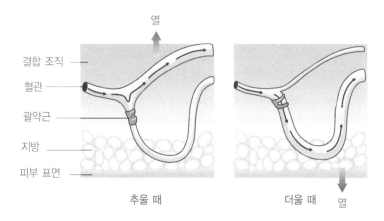

결합 조직

혈관

괄약근

지방

피부 표면

열

추울 때

더울 때

열

다. 이때는 열이 피부 표면으로 많이 빠져나갈 것입니다.

＿추울 때 몸이 떨리고, 자꾸 몸을 웅크리게 되는데, 그건 왜 그런가요?

추울 때 몸이 떨리는 것은 근육을 움직여 열을 내기 위해서랍니다. 운동을 하면 몸에 열이 나는 것과 같은 이치이지요. 또 몸을 웅크리는 것은 몸을 둥그렇게 만들어 표면적을 최대한으로 줄이려는 의도랍니다.

＿추울 때 소름은 왜 돋을까요?

피부의 털을 세워 보온을 하는 것입니다. 털이 서면 털과 피부 사이에 두꺼운 공기층이 만들어집니다. 그 결과 보온 효과가 생기게 됩니다.

창문을 닫았으면 이제 열에너지를 공급하기 위해 방 안에 난로를 피워야 합니다. 그러면 우리 몸에서 난로를 피우는 것에 해당하는 것은 무엇일까요?

방금 말한, 몸이 떨리는 것도 난로를 피우는 것에 해당됩니다. 또 세포마다 열 발생량을 늘리는 것입니다. 열은 어떻게 발생된다고 했지요? 세포에서 영양소를 분해할 때 만들어집니다. 그러면 세포는 언제 열을 많이 발생할까요? 그것은 갑상샘에서 티록신이 많이 분비될 때입니다. 체온이 내려가는 것을 감지한 사이뇌가 뇌하수체에게 명령을 하고, 뇌하수체는 갑상샘에게 명령하여 티록신을 분비합니다. 갑상샘에서 분비된 티록신이 어떻게 온몸으로 퍼져 나간다고 했나요?

__ 혈액을 통해서요.

가을은 식욕의 계절이라는 말이 있습니다. 여름에 식욕이 없다가도 가을이 되면 입맛이 당기지요. 가을이 되면 왜 식욕이 왕성해질까요?

날이 선선해지면 몸에서 더 많은 에너지를 필요로 하기 때문이랍니다. 즉, 체온을 유지하는 데 더 많은 에너지가 들기 때문이지요. 그런데 우리 몸의 에너지는 어떻게 생길까요?

탄수화물, 지방, 단백질 같은 영양소를 세포에서 분해할 때 에너지가 나오지요. 보통 우리 몸의 연료로 이용되는 것은 포도당입니다. 날씨가 추워지면 사이뇌에서 온몸의 세포에게

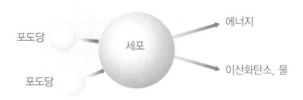

포도당을 분해하라는 신호를 보내게 됩니다.

그런데 네 번째 수업에서 말한 것처럼 사이뇌가 먼저 뇌하수체에게 연락하면 뇌하수체는 다시 갑상샘에게 연락을 합니다. 그러면 갑상샘은 온몸의 세포에게 다음과 같은 편지를 쓰게 된답니다.

세포에게

방금 부두목 뇌하수체로부터 연락을 받았소. 몸이 추워지고 있으니 불을 좀 더 때 달라는 명령이오. 이 편지를 받는 즉시 영양소를 분해하여 열을 내도록 하니오.

갑상샘이

이처럼 우리 몸의 세포들은 난로가 되는 셈입니다. 티록신이라는 편지를 받은 난로는 포도당이라는 연료를 때서 에너지를 냅니다.

그런데 세포가 포도당을 분해할 때는 산소가 필요합니다. 그래서 포도당의 분해량이 증가한 만큼 소비되는 산소가 많다고 생각하면 됩니다. 그러므로 갑상샘에서 티록신이 많이 분비될수록 우리 몸속의 산소 소비량도 증가한답니다.

이렇게 갑상샘에서 티록신이 분비되면 우리 몸에서 에너지 생성량이 증가하여 몸에 열이 더 날 뿐 아니라 힘도 난답니다. 그렇다면 갑상샘에서 호르몬이 지나치게 많이 분비되면 어떤 현상이 일어날까요?

우선 몸에 열이 많이 날 것입니다. 난방이 지나치게 많이 된 상태가 되는 것입니다. 그래서 겨울에도 추위를 타지 않게 됩니다. 남들은 춥다며 옷을 두껍게 입고 있는데 혼자 얇은 옷을 입고 춥지 않다고 말한다면 그 사람은 분명 티록신이 지나치게 많이 분비되고 있는 사람입니다. 실제로 티록신이 많이 분비되면 더위에 지나치게 약하고 추위는 거의 타지 않는 사람이 된답니다.

추위를 잘 견디니 좋을 것 같지만 오히려 나쁜 점이 더 많답니다. 밥은 잘 먹는데 이상하게 자꾸 야위어 가는 사람이

있습니다. 손발이 뜨겁고 맥박도 빨리 뛰고 말이지요. 이런 사람은 티록신이 많이 분비되는 사람일 가능성이 높아요. 그런데 왜 야위어 갈까요?

티록신이 지나치게 많이 분비되면 각 세포는 불필요하게 많은 영양소를 분해하여 에너지를 내게 됩니다. 그러면 영양소의 분해량이 증가하여 저장된 영양소를 모두 분해하여 버리는 겁니다. 그래서 피부 아래에 저장되어 있는 지방 성분도 모조리 분해하게 되지요. 그러면 체중이 감소하고 야위게 된답니다.

티록신이 지나치게 많이 분비되는 병을 바제도병이라고 부릅니다. 다른 말로는 갑상샘 항진증이라는 다소 어려운 이름을 가진 병이지요. 이 병에 걸리면 식욕은 왕성하지만 체중이 감소하고, 심하면 눈알이 앞으로 튀어나와 눈의 흰자위가 많이 보이게 된답니다. 요즘에는 바제도병으로 인해 안구가 앞으로 돌출된 사람을 보기 어렵지만 옛날에는 더러 볼 수 있었지요.

　—박사님, 티록신이 많이 나오면 왜 안구가 앞으로 튀어나오게 되나요?

　그 이유는 눈 주위의 근육과 조직이 붓거나 염증이 생기는 증상 때문이에요. 티록신이 직접적인 원인은 아니고, 눈 주위 조직과 갑상샘에 공통점이 있는 것이 원인입니다. 좀 더 자세한 것은 여러분이 더 자라서 의학 서적을 읽을 수 있게 되면 알 수 있답니다.

　티록신을 이루는 성분 중에는 요오드라는 물질이 있어요. 요오드가 부족하면 티록신이 만들어지지 않는답니다. 미역이나 김과 같은 해조류에 많아요. 그래서 한국 사람에게는 티록신이 만들어지지 않는 경우는 거의 없답니다. 왜냐고요? 미역이나 김 등 해조류를 많이 먹기 때문이지요. 한국은 국토의 3면이 바다로 둘러싸여 있기 때문에 해산물이 풍부하여 미역이나 김 등을 먹을 기회가 많기도 하고요.

　그러나 몽골이나 아메리카 대륙 안쪽 지역에 사는 사람들은 해조류를 먹을 기회가 적어요. 그래서 티록신이 부족한 경우가 생긴답니다. 그러면 몸에 힘이 없고 추위에 예민하게 됩니다.

그런데 더 이상한 것은 요오드가 부족하면 목이 아주 많이 붓는다는 거지요. 그 이유는 이렇답니다. 몸에 요오드가 부족하면 티록신이 생기지 않습니다. 그러면 뇌하수체가 자꾸 갑상샘에게 티록신을 만들라고 신호를 보내게 됩니다. 몸에 티록신이 부족하니 뇌하수체는 당연히 갑상샘에게 신호를 보낼 수밖에 없는 거지요.

그렇게 되면 갑상샘이 자꾸 발달하게 됩니다. 뇌하수체의 신호는 갑상샘에게 티록신을 분비하도록 하는 한편 갑상샘을 발달시키는 역할도 하기 때문이지요. 티록신이 부족한 상태가 오랫동안 계속되면 뇌하수체가 계속해서 갑상샘에게 신호를 보내고 그 결과 갑상샘이 발달하게 됩니다. 결국 심하게 발달된 갑상샘 때문에 목이 커다랗게 붓게 되는 것입니다.

티록신은 올챙이가 개구리로 변태하는 데도 영향을 미칩니다. 올챙이의 갑상샘을 제거하면 그 올챙이는 개구리가 되지 못합니다. 반면에 티록신을 주사하면 올챙이가 개구리로 되는 시간이 단축됩니다. 그러므로 티록신은 몸 안의 열을 내도록 할 뿐 아니라 세포의 작용을 활발하게 하여 성숙을 촉진하

빨리 어른이 되고 싶다.

학생 때가 좋은 거다.

벌컥 벌컥

티록신

개굴 개굴

올챙이

기도 합니다.

__좀 관련이 없는 질문이긴 한데요, 감기에 걸리면 왜 열이 나나요?

감기에 걸리면 우리 몸의 기준 온도가 올라갑니다. 즉, 평상시에 기준이 36.5℃로 맞춰져 있다면, 감기에 걸리면 38℃ 정도로 기준 온도가 상승하게 되지요. 이 기준 온도는 사이뇌의 시상 하부에서 정합니다. 그래서 이 기준에 맞추기 위해 몸이 열을 내는 거랍니다.

__그러면 왜 기준 온도가 올라가나요?

몸에서 열이 나는 이유는 정확히 알려져 있지 않답니다. 다만 온도가 올라가면 우리 몸에 침입한 바이러스나 세균들이 몸 안에서 살기가 한층 어려워질 거라고 추측해요. 우리 몸을 지키기 위한 한 가지 방법이라고나 할까요. 하지만 체온이 41℃ 이상인 상태가 오래 지속되면 생명이 위태로워진답니다.

당뇨병에 걸리지 않게 하는 인슐린

여러분은 혈당량이라는 말을 알고 있는지요? 혈당량이란 혈액 속의 포도당량을 의미합니다. 혈액 속의 포도당량은 밥을 먹고 나면 증가하는데 소장에서 흡수된 포도당이 혈액을 통해 이동하기 때문입니다.

그런데 증가된 포도당량이 다시 원래 상태로 돌아가지 않으면 여러 가지 부작용이 생깁니다. 그래서 식사 후 늘어난 포도당을 간에 저장하든지 세포에 넣든지 합니다.

간에 저장된 포도당은 몸에 포도당이 부족하게 되면 다시 꺼내어 사용합니다. 그래서 간은 포도당의 창고 역할을 합니다. 많을 때는 저장했다가 부족할 때 다시 꺼내는 창고 말입니다.

그러면 간세포들은 혈당량이 증가한 것을 어떻게 알고 포도당을 저장하게 될까요? 여기서 호르몬이 등장하게 됩니다.

호르몬이 어떤 일을 한다고 했죠? 연락하는 일이죠.

혈액 속의 포도당량이 보통 때보다 많이 증가한 것을 아는 것은 사이뇌랍니다. 사이뇌에는 혈당량을 감지하는 감지기가 있어 혈당량의 변화를 알 수 있습니다. 혈당량이 증가하는 것을 감지한 사이뇌는 자율 신경을 통해 이자에게 급히 연락을 합니다. 그러면 이자는 간세포에게 편지를 씁니다. 여러분이 이자가 되어 간세포에게 편지를 써 보기 바랍니다.

뭐라고 썼나요? 혈액 속에 포도당이 많으니 저장해 달라고 썼으면 제대로 쓴 것입니다.

이때 이자가 보내는 편지는 인슐린이라는 호르몬입니다. 인슐린의 연락을 받은 간세포는 혈액을 통해 들어오는 포도당을 저장하게 됩니다. 또, 인슐린은 세포 속으로 포도당이 흡수되는 것을 촉진하기도 하지요. 그래서 식사 후 급증한 포도당량은 원래대로 되돌아가는 것입니다.

여러분은 당뇨병이라는 말을 들어 본 적이 있을 것입니다. 당뇨병이란 인슐린이 정상적으로 분비되지 않아서 혈액 속에 증가된 포도당이 쉽게 감소하지 않는 병이랍니다. 혈액 속에는 포도당이 풍부한 반면, 세포에는 포도당이 부족해지는 것으로 '풍요 속의 빈곤'이라는 표현이 어울리는 병입니다. 혈액 속에 포도당이 너무 많으니 오줌으로 포도당이 나가게 되지요.

당뇨란 포도당이 들어 있는 오줌이라는 뜻이랍니다. 이 병에 걸리면 밥을 먹어서 얻은 포도당은 다시 오줌으로 나가기 때문에 포도당의 손실이 너무 커지게 됩니다. 또한, 세포 속으로 포도당이 잘 들어가지도 못하게 되지요. 그래서 쉽게 피로해지는 것입니다.

__당뇨병에 걸리면 목이 마르다고 들었는데, 왜 그런가요?
당뇨병에 걸려 오줌량이 많아지게 되는 것은 오줌 속의 포도당이 나갈 때 많은 양의 물을 끌고 나가기 때문이에요. 오줌이 많이 나가니 몸 안에 물이 부족하게 되겠죠. 그러면 우리 몸은 '목마르다'고 느끼게 되는 거랍니다. 그래서 많은 양의 물을 먹게 되고, 또 오줌을 많이 누고, 또 물을 먹는 것이

같이 가야 돼.

으냐~

넓어!

포도당

많은 양의 물

반복되어 물을 아무리 많이 마셔도 계속해서 갈증이 나게 된답니다.

아침을 먹고 나서 몇 시간이 지난 뒤 점심때가 되면 다시 배가 고파집니다. 배가 고프다는 것은 혈당량이 부족하다는 뜻도 된답니다. 뇌가 혈당량을 감지하여 배가 고프다고 느끼기 때문입니다.

이때 간세포의 연락을 받은 이자는 다시 간에게 편지를 쓰기 시작합니다. 혈액 속의 포도당이 부족하니 간에 저장된 포도당을 꺼내라고 연락하는 것이죠. 그러면 저장되었던 포도당이 다시 혈관으로 나오게 됩니다. 이때 글루카곤이라는 호르몬이 편지 역할을 합니다. 그러므로 인슐린과 글루카곤은 서로 반대되는 기능을 가진 호르몬이랍니다. 이 두 호르몬의 역할로 혈액 속의 포도당량이 거의 일정하게 유지되는 것입니다.

오줌량 조절

여러분은 수박을 먹으면 오줌이 많이 나온다는 것을 경험으로 알고 있을 것입니다. 그리고 여름날 땀이 많이 나는 날에는 오줌량이 감소한다는 것도 알고 있을 것입니다. 하지만 겨울에는 추운데도 자꾸 화장실에 가야 되는 것을 경험했을 것입니다. 이렇게 오줌량이 많았다 적었다 하는 것은 우리 몸속의 물의 양을 일정하게 유지하려는 기능 때문입니다.

그런데 이런 기능도 호르몬이 조절한답니다. 뇌하수체라고 기억나죠? 사이뇌 아래에 있는 내분비샘인데 이 내분비샘에서 항이뇨 호르몬이 나옵니다. 여기서 '항이뇨'란 말은 '오줌이 생기지 않게'라는 의미랍니다. 그러므로 항이뇨 호르몬의 분비량이 많아진다는 것은 곧 오줌량이 줄어든다는 것을 의미합니다.

__그런데 오줌은 어디서 만들어지나요?

콩팥입니다. 신장이라고도 하지요. 다음 그림에서 확인해

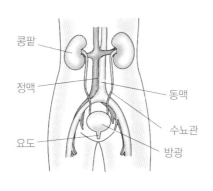

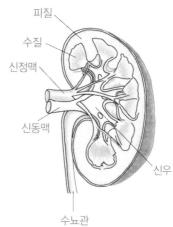

볼까요?

그림에서처럼 콩팥은 우리 몸속에 2개 있어요. 그래서 콩팥을 기증하는 사람들을 가끔 볼 수 있어요. 콩팥이 2개이기 때문에 다른 사람에게 하나를 줄 수 있는 것이죠. 콩팥은 하나만 있어도 제 기능을 하거든요.

콩팥은 오줌을 만들어요. 그런데 오줌이라는 것은 혈액을 여과한 것이에요. 그러므로 콩팥은 노폐물을 걸러 내는 일을 합니다. 우리 몸의 노폐물 여과기라고나 할까요. 이 여과기가 고장이 나면 혈액에 노폐물이 쌓여 생명이 위태로워진답니다.

언젠가 병원에 갔을 때 양쪽 콩팥이 모두 고장 난 한 젊은 아빠를 만나게 되었어요. 아기가 막 돌을 지난 젊은 아빠였지요. 그 사람은 매일같이 인공 콩팥으로 혈액을 걸러 노폐물을 내보낸다고 했어요. 그래서인지 그 젊은 아빠는 오줌을 한 번 누어 보는 것이 소원이라고 했어요. 별 소원이 다 있다고요? 그만큼 그 젊은 아빠에게는 절실한 소원이었지요.

콩팥은 노폐물을 걸러 내는 일 외에 또 다른 기능을 가지고 있답니다. 바로 우리 몸의 물의 양을 조절하는 기능이지요. 우리가 물을 많이 먹으면 오줌을 많이 내보내고, 몸에 물이 적으면 오줌을 적게 내보내는, 마치 저수지의 수문과 같은 일을 담당하고 있습니다.

그런데 그 수문을 조절하는 일을 호르몬이 합니다. 이 호르몬이 바로 항이뇨 호르몬입니다. 항이뇨 호르몬이 많이 나오면 수문이 닫혀서 오줌의 양이 줄어듭니다. 반대로 항이뇨 호르몬이 적게 나오면 수문이 열리는 것입니다. 자, 그러면 함께 생각을 해 볼까요? 운동을 많이 해서 땀이 날 때 항이뇨 호르몬이 많이 나올까요, 아니면 적게 나올까요?

땀이 많이 나면 몸에 물이 부족할 테니 물을 아껴야 하겠지요? 물을 아끼려면 물이 오줌으로 나가는 것을 줄여야겠죠. 그렇다면 항이뇨 호르몬은 많이 분비되어야 하지요.

퀴즈를 하나 내 볼게요. 수박을 많이 먹었어요. 항이뇨 호르몬의 분비량이 많아질까요, 적어질까요?

수박을 먹으면 몸에 물이 많아지기 때문에 물을 내보내야 합니다. 수문을 열어야겠지요. 즉, 항이뇨 호르몬이 적게 나온답니다. 그러면 오줌이 많이 나오겠지요.

그런데 여름보다 겨울에 오줌이 더 많이 나오는 이유는 무엇 때문일까요? 그것은 땀을 적게 흘리기 때문입니다. 땀이 나지 않는 만큼 오줌이 증가하는 것이지요. 그러므로 겨울에는 여름보다 항이뇨 호르몬이 적게 나오게 됩니다.

항이뇨 호르몬은 뇌하수체에서 나오지만, 사실은 사이뇌의 시상 하부에서 만들어 뇌하수체에게 보내 준답니다. 이 말은 뇌하수체에서 직접 만드는 호르몬이 아니라는 뜻입니다. 뇌하수체에서 나온 항이뇨 호르몬은 어떻게 콩팥까지 갈까요? 앞에서 혈액을 타고 간다고 했던 말을 기억하지요?

지금까지 우리 몸의 내부 상태가 호르몬에 의해 일정하게 조절되는 것을 살펴보았습니다. 체온, 혈당량, 우리 몸속의 물의 양 조절 외에도 우리 몸에는 호르몬에 의해 조절되는 것이 매우 많습니다. 이것들을 모두 다 공부하기 어렵기 때문에 대표적인 것 3가지만 공부했답니다. 하지만 지금까지 공부한 것만으로도 우리 몸이 호르몬에 의해 조절된다는 것을 알기에는 충분하답니다.

우리 몸에서 일어나는 일은 뇌가 지휘하는 오케스트라의 소리에 비유할 수 있어요. 지휘자인 뇌에 의해서 잘 조절되어 우리 몸의 모든 기능이 서로 협력하여 '아름다운' 생명 현상을 나타내기 때문입니다. 그런데 뇌가 우리 몸의 모든 부분을 직접 볼 수는 없어요. 그래서 우리 몸은 신경과 함께 호르몬이라는 '연락병'을 가지고 있는 것입니다. 호르몬이 없다면 우리 몸이 알맞게 조절될 수 없다는 것, 알겠지요?

수박을 많이 먹어서 그런지 자꾸만 오줌이 마렵네요.

오줌 양이 많았다 적었다 하는 것은 우리 몸속의 물의 양을 일정하게 유지하려는 기능 때문이에요.

아~, 그렇군요.

이런 기능도 호르몬이 조절하지요. 뇌하수체에서 항이뇨호르몬을 많이 분비한다는 곧 오줌 양이 줄어든다는 것을 의미하지요.

항이뇨란 '오줌이 생기지 않게' 라는 의미!

그렇군요. 그런데 오줌은 어디서 만들어지나요?

콩팥이에요. 콩팥은 노폐물을 걸러 내는 일을 하는데 오줌이라는 것은 혈액을 여과한 것이에요. 그래서 콩팥이 고장 나면 혈액에 노폐물이 쌓여 생명이 위태로워지죠.

콩팥

노폐물을 걸러 내는 일 외에 콩팥의 또 다른 기능도 있나요?

네. 몸속 물의 양을 조절하는 저수지의 수문과 같은 기능을 담당하고 있어요. 그런데 그 수문을 조절하는 일을 항이뇨 호르몬이 하지요.

물이 부족해서 수문을 열자

여름보다 겨울에 오줌이 더 마려운 이유는 무엇 때문인가요?

겨울에는 땀을 적게 흘려서 항이뇨 호르몬이 적게 나오기 때문이지요.

여름

겨울

그렇군요. 우리 몸에는 호르몬에 의해 조절되는 것이 많이 있나요?

체온, 혈당량, 우리 몸속의 물의 양 조절 외에도 우리 몸에는 호르몬에 의해 조절되는 것이 매우 많답니다.

혈당량

물의 양

호르몬

체온

호르몬과 스트레스

스트레스란 무엇인가요?
스트레스와 호르몬의 관계에 대해 알아봅시다.

호르몬과 스트레스

스탈링이 현대인의
스트레스에 대한 이야기로
일곱 번째 수업을 시작했다.

　여러분은 스트레스라는 말을 들어 본 적이 있을 겁니다. 현대인은 스트레스를 너무 많이 받는다, 직장에서 스트레스를 받는다, 시험을 앞두니 스트레스가 쌓인다 등등. 여러분에게 가장 큰 스트레스를 주는 것은 무엇인가요? 아마도 가장 큰 스트레스는 시험이겠죠.

　그러면 스트레스란 무엇일까요? 그것은 지나친 자극이라고 말할 수 있어요. 이 자극은 마음과 몸에 모두 올 수 있습니다. 여기서 지나치다는 것은 우리 몸의 항상성에 영향을 줄 만한 것이라고 이해하면 됩니다.

스트레스에 반응하여 호르몬이 분비된다

스트레스를 받으면 우리 몸은 반응을 합니다. 자극이 주어지면 반응을 하는 것이 우리 몸의 특징이니까요. 스트레스에 반응하도록 하는 것도 호르몬과 신경이랍니다. 여기서 말하는 신경은 자율 신경입니다.

자율 신경은 스스로 조절하는 신경이라는 말로, 주로 내장 기관을 조절하는 데 관계해요. 내장 기관은 팔이나 다리처럼 우리의 의지대로 조절할 수 없기 때문에 자율 신경에 의해 조절됩니다.

스트레스를 받으면 사이뇌의 시상 하부가 먼저 영향을 받습니다. 시상 하부는 우리 몸이 비상 사태를 맞고 있다고 생각하여 시상 하부의 뇌하수체에서 부신으로 호르몬을 보냅니다. 뇌하수체에 대해서는 앞에서 '내분비샘의 부두목'이라고 말한 것을 기억할 것입니다. 학교로 말하면 교감 선생님과 비슷하다고 했죠. 뇌하수체의 연락을 받은 부신은 혈당을 높이는 호르몬을 분비합니다. 콩팥의 윗부분에 붙어 있는 부신은 호르몬을 만드는 곳입니다.

부신은 오줌을 만드는 데는 관계하지 않고 호르몬만 만듭니다. 그런데 주의할 점은 부신의 안쪽 부분과 바깥 부분은

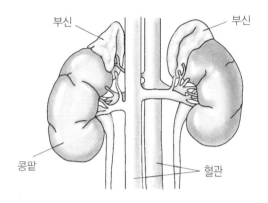

부신 　　　　　　　　　　부신

콩팥 　　　　　　　　　　혈관

서로 다른 호르몬을 만든다는 것입니다. 바깥 부분에서는 뇌하수체의 명령을 받아 '당질 코르티코이드'라는 조금 긴 이름을 가진 호르몬을 만듭니다. 이 호르몬은 에너지 공급을 왕성하게 하기 위해 혈당을 높이는 기능이 있답니다.

　한편, 부신의 안쪽 부분은 자율 신경의 조절을 받아 호르몬을 만듭니다. 여기서 생기는 호르몬은 아드레날린과 노르아드레날린입니다. 이 호르몬들은 하는 일이 비슷해 형제나 다름없답니다. 아드레날린은 우리가 '위험하다'고 느낄 때 많이 분비되고, 노르아드레날린은 '싸워야 된다'고 느낄 때 많이 분비되는 호르몬입니다. 이 호르몬의 분비가 증가하면 심장 박동이 빨라지고 혈관을 흐르는 혈액의 양이 증가하며, 소화 기능이 억제됩니다.

결국 이 두 호르몬은 우리가 적 앞에 마주 섰을 때 우리가 적들을 대적하고 무찌르는 데 도움이 되는 효과를 내는 호르몬입니다. 스트레스를 받으면 사이뇌의 시상 하부에서는 자율 신경을 통해 부신의 안쪽 부분으로 하여금 노르아드레날린과 아드레날린을 분비하도록 하여 스트레스에 대응하도록 합니다.

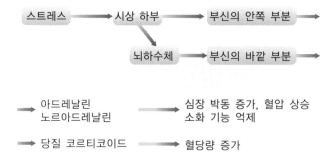

이렇게 보면 우리 몸은 스트레스를 싸워야 할 적으로 여긴다는 것을 알 수 있습니다.

__ 그렇다면 스트레스에 대한 반응은 우리 몸에 필요한 것이라고 볼 수 있겠네요? 그런데 왜 스트레스는 건강에 좋지 않다고 하는 건가요?

좋은 지적입니다. 스트레스에 대한 우리 몸의 반응은 필요한 것이라고 할 수 있습니다. 살아 있는 물고기를 많이 운반할 때 오래 살게 하려면 그 물고기를 잡아먹는 물고기를 한 마리쯤 수조에 함께 넣어서 운반하면 물고기들이 잘 죽지 않는다고 합니다. 적당한 스트레스는 오히려 삶의 활력소가 될 수도 있지요. 자, 그렇다면 스트레스가 왜 건강에 해로운지를 알아볼까요?

지나친 스트레스는 몸을 약하게 만든다

문제는 스트레스가 오래 지속되면 몸과 마음을 해치게 하는 데 있답니다. 지속적인 스트레스로 인해 몸과 마음이 쉽게 지치게 되는 것입니다.

쥐를 이용하여 스트레스에 대한 실험을 한 보고가 있어요. 다른 쥐와 싸울 때 얻은 스트레스는 일시적으로 면역 세포를 강하게 한다는 사실이 밝혀졌어요. 하지만 지속적으로 스트레스를 주자 면역 세포가 약해졌습니다. 쥐와 마찬가지로 사람에게도 지속적인 스트레스가 주어지면 질병과 싸우는 힘이 약해집니다.

한 실험에서 같은 학생들을 대상으로 시험을 치기 한 달 전과 시험 중에 각각 혈액을 채취하여 성분을 비교했습니다. 그랬더니 시험을 치기 전보다 시험 기간 중에 면역에 관계하는 세포들이 줄어든 것을 알 수 있었습니다. 면역은 질병과 싸우는 힘이라고 생각하면 됩니다. 시험이라는 스트레스에 대응하면서 면역력이 약해진 것이죠.

여러분도 아마 느꼈을 것입니다. 시험 기간 중에 친구들이 감기에 잘 걸리거나 소화 불량에 시달리는 것을 말입니다. 학생들이 시험 기간 중에 감기에 잘 걸리고 소화기나 호흡기 질환에 잘 걸리는 것도 스트레스가 면역력을 억제하는 것과 관련이 있습니다.

다음 도표는 스트레스를 주는 사건을 어른들을 대상으로

조사한 것입니다. 스트레스를 가장 많이 받는 경우를 100이라고 했을 경우 상대적으로 얼마나 스트레스를 받는지 알려주는 표입니다.

스트레스 지수	사건
100	배우자 죽음
75	이혼
65	별거
63	감옥살이
63	가족의 죽음
53	개인의 질병
47	해고

　여러분을 대상으로 스트레스 수치를 조사했다면 아마도 시험이나 친구와 헤어지는 경우가 1위가 되겠죠? 이 조사에 따르면 부인이나 남편과의 사별이나 이혼이 가장 큰 스트레스가 되는 것을 알 수 있습니다. 실제로 아무런 문제 없이 결혼 생활을 하는 사람보다 이혼했거나 막 이혼하려는 사람이 질병에 더 잘 걸린다는 보고가 있답니다. 또한 치매에 걸린 배우자를 돌보는 노인이 그렇지 않은 노인보다 병에 잘 걸린다는 보고도 있습니다.

견디기 어려운 스트레스가 주어질 경우 우리 몸이 그것에 반응하기 위해 애쓰다가 결국에는 질병과 싸우는 힘이 약해지게 된다는 증거들입니다. 이런 조사 결과를 보면 가족 간에 화목한 것이 건강하게 살 수 있는 중요한 조건이 되는 것을 알 수 있답니다.

　살다 보면 스트레스를 아주 피할 수는 없을 것입니다. 여러분이 시험을 보지 않고 학교를 졸업할 수가 없듯이 말입니다. 문제는 그 스트레스를 대하는 태도입니다. 낙천적이고 적극적인 자세가 부정적이고 소극적인 자세보다 스트레스를 감소시킨다는 연구 보고도 있답니다.

　혹 시험을 앞두고 있나요? 이렇게 생각하기 바랍니다. '몸이 건강해서 학교도 다니고 시험도 볼 수 있으니 참 감사하다. 게으름 피우지 말고 열심히 하자. 열심히 공부하면 좋은 결과가 나올 것이다. 최선을 다해 보는 거야. 하늘은 스스로 돕는 자를 돕는다고 하잖아. 파이팅!'

또 먹네, 또 먹어! 그렇게 먹으니까 살이 찌지.

너 자꾸 약 올릴래? 어휴, 스트레스 받아.

하하하, 그만들 하세요. 스트레스가 쌓이면 몸과 마음을 해쳐.

정말이요?

스트레스에 반응하도록 하는 것은 호르몬과 자율 신경이에요. 자율 신경은 스스로 조절하는 신경이라는 말인데, 주로 내장 기관을 조절하는 데 관계해요.

스트레스

호르몬

자율신경

스트레스를 받으면 호르몬이 어떻게 작용하는 건가요?

사이뇌의 시상 하부가 먼저 영향을 받아 우리 몸이 비상사태를 맞고 있다고 생각하고 시상 하부의 뇌하수체에서 부신으로 호르몬을 보내지요.

스트레스

부신

뇌하수체

호르몬

부신은 콩팥의 윗부분에 붙어 있는 호르몬을 만드는 곳이잖아요.

맞아요. 뇌하수체의 연락을 받은 부신은 혈당을 높이는 호르몬을 분비해요.

부신

높이자 혈당!

호르몬

높이자 혈당!

호르몬

콩팥

그런데 부신은 안쪽 부분과 바깥 부분에서 서로 다른 호르몬을 만드는데, 안쪽 부분이 자율 신경의 조절을 받아 아드레날린과 노르아드레날린 호르몬을 만들지요.

아드레날린은 많이 들어봤어요.

아드레날린은 위험하다고 느낄 때, 노르아드레날린은 싸워야 된다고 느낄 때 많이 분비되는 호르몬인데 우리 몸은 두 호르몬을 분비해서 스트레스에 대응하도록 해요.

그래서 우리 몸은 스트레스를 싸워야 할 적으로 생각하는군요.

오…스트레스~.

노르아드레날린

위험해!!

싸우자!!

아드레날린

8

성호르몬

남자와 여자는 왜 다른 모습을 하고 있을까요?
남자와 여자를 결정짓는 호르몬에 대해 알아봅시다.

여덟 번째 수업

성호르몬

스탈링이
남녀의 차이를 이야기하며
여덟 번째 수업을 시작했다.

　남자와 여자는 서로 모습이나 행동이 많이 다릅니다. 물론 같은 사람이라는 공통점이 있지만 말이에요. 남자와 여자는 사는 모습도 참 다릅니다. 사회마다 차이는 있지만 남녀의 역할이 서로 다르기 때문입니다. 왜 누구는 여자로 태어나고, 누구는 남자로 태어나는 걸까요?
　여러분은 정자와 난자가 만나서 아기가 태어난다는 것을 다 알고 있지요? 정자에 X염색체가 있으면 여자가 되고, Y염색체가 있으면 남자가 된답니다.

남자로 태어나기가 더 힘들다

아기가 처음 엄마 자궁 속에서 생겨날 때 8주 정도까지는 남녀의 차이를 알 수 없답니다. 그러다가 남자가 되는 아기는 정소에서 남성 호르몬이 많이 나옵니다.

이렇게 수정된 지 12주 정도에서 남성 호르몬(테스토스테론)이 다량 나오는 것을 '남성 호르몬 샤워'라고 합니다. 그렇다고 남성 호르몬을 몸에 뒤집어쓰는 것은 아닙니다. 몸속에 남성 호르몬의 농도가 높아진다는 의미에서 그렇게 부릅니다. 만일 이때 남성 호르몬이 많이 나오지 않으면 남성의 성기에 이상이 생기게 된답니다.

그런데 여자가 되는 아기는 여성 호르몬(에스트로겐)을 많이 분비하지 않습니다. 저절로 여성이 된다는 겁니다. 그리고 여자아이의 성기는 3개월 정도면 거의 모습을 갖추지만, 남자아이의 경우는 7개월이 지나야 합니다.

이렇게 보면 남자가 되는 것이 여자가 되는 것보다 어렵다고 느껴지기도 합니다. 여자는 저절로 되고, 남자는 남성 호르몬을 많이 분비해야지만 남자가 되니까요.

사춘기에 남자는 남자답게, 여자는 여자답게 된다

엄마의 자궁 속에서 아기가 남녀로 구분될 때 남성 호르몬과 여성 호르몬이 중요한 역할을 한다는 것을 앞에서 이야기했습니다. 여기서 한 가지 유의해야 할 것은 여성 호르몬은 여성에게서만, 남성 호르몬은 남성에게서만 나오는 것이 아니라는 것입니다.

부신에서는 남성 호르몬과 여성 호르몬이 모두 나옵니다. 그 양은 많지 않습니다. 물론 남성 호르몬은 정소에서, 여성 호르몬은 난소에서 주로 나옵니다.

아기의 출생에서부터 사춘기까지는 성호르몬이 적게 분비됩니다. 그러나 사춘기에 이르면 성호르몬의 분비가 갑자기 증가하고, 이때 남성과 여성의 차이가 한층 뚜렷하게 됩니다.

남성 호르몬은 목소리를 굵게 하고, 온몸에 털이 나게 하며, 근육을 발달시킵니다. 그래서 사춘기가 지나면서 변성기를 거치게 되고, 턱에 수염이 나게 되는 것이죠. 운동선수들은 가끔 남성 호르몬 주사를 맞기도 하는데, 이것은 근력을 키워 경기에서 이기기 위해서입니다. 물론 이러한 행위는 올림픽을 비롯한 모든 운동 경기에서 금지되어 있답니다.

생각해 보세요. 여자 선수가 남성 호르몬 주사를 맞았을 경우 어떻게 되겠어요? 근력이 세져서 시합에 이길지 몰라도 몸에 털이 많아지고 목소리가 굵어지며, 월경도 불규칙해질 거예요. 뿐만 아니라 이러한 약물을 계속 사용할 경우 남녀 모두에게서 심장병, 우울증, 콩팥의 손상 등 여러 부작용이 생깁니다. 그래서 운동선수들에게 약물 사용이 금지되어 있답니다.

반면 여성 호르몬은 가슴과 엉덩이가 커지게 하고 피부를 부드럽게 만들어 줍니다. 그리고 월경 주기가 나타나도록 합니다.

__ 선생님, 갱년기가 뭐예요?

여성 호르몬은 40대 후반에서 50대에 이르면 갑자기 감소

합니다. 이때 피부가 거칠어지고, 얼굴이 화끈거리며, 까닭 없이 초조해지는 갱년기 장애가 나타납니다.

＿ 그러면 여성 호르몬 주사를 맞으면 갱년기 증상이 줄어 드나요?

그렇다고 볼 수 있어요. 하지만 여성 호르몬 주사를 맞을 경우 암을 일으킨다든지 하는 부작용이 있기 때문에 주의를 기울여 사용해야 합니다.

＿ 갱년기 뒤에 뼈엉성증(골다공증)이 생긴다고 들었는데, 맞는 말인가요?

뼈엉성증은 뼈에 구멍이 생겨 엉성해지는 것입니다. 뼈를 이루는 칼슘이 빠져나가 생기는 현상으로, 여성 호르몬이 뼈에서 칼슘이 빠져나가는 것을 막아 준답니다. 그런데 갱년기가 되면 여성 호르몬이 감소하여 뼈엉성증이 생기게 됩니다.

지금까지 성호르몬에 대해서 이야기했습니다. 성호르몬은 남녀의 차이를 만드는 데 중요한 역할을 한다는 걸 알겠지요?

하지만 성호르몬의 역할이 남녀의 차이를 만드는 것만은 아닙니다. 성호르몬은 우리의 마음과 행동에도 영향을 미친답니다. 생각해 보세요. 사춘기가 지나면서 이성에게 호기심을 더 갖게 되고, 이성을 만나면 얼굴이 붉어지기도 하잖아요? 이런 것이 모두 성호르몬이 우리의 마음과 행동에 영향을 주기 때문이랍니다. 봄에 새가 높게 우짖는 것도 짝을 찾기 위한 것인데, 그러한 행동도 성호르몬과 관련이 깊답니다.

이런 생각을 하다 보면 호르몬이 우리의 마음에도 영향을 미친다는 것을 알 수 있습니다. 호르몬뿐만 아니라 신경계도 마음에 영향을 미칩니다. 그러므로 몸과 마음은 서로 분리될 수 없습니다. 적절한 호르몬 분비는 우리 몸을 잘 조절하는 데 중요할 뿐 아니라 우리의 마음 건강에도 아주 중요하답니다. 몸과 마음은 하나인 것입니다.

난 남자고, 넌 여자니까 네가 밥을 해야 하는 거야.

요즘에 그런 게 어디 있어. 선생님, 왜 누구는 여자로 태어나고, 누구는 남자로 태어나는 거예요?

정자와 난자가 만나서 아기가 태어나는데 정자에 X염색체가 있으면 여자가 되고, Y염색체가 있으면 남자가 되지요.

정자가 성별을 결정하는 거였군요?

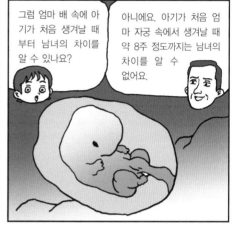

그럼 엄마 배 속에 아기가 처음 생겨날 때부터 남녀의 차이를 알 수 있나요?

아니에요. 아기가 처음 엄마 자궁 속에서 생겨날 때 약 8주 정도까지는 남녀의 차이를 알 수 없어요.

그러다가 남자가 되어야 하는 아기는 정소에서 남성 호르몬이 많이 나와서 그 결과 남자로 태어나게 되는 거예요.

봄속에 남성호르몬이 많아지고있어....

남성 호르몬이 많이 나온다고요?

수정된 지 약 12주 정도에서 남성 호르몬(테스토스테론)이 다량 나오는 것을 '남성 호르몬 샤워'라고 하지요.

내가 남성 호르몬을 뒤집어쓴 거군요.

그러면 여자는 어떤가요?

여자가 될 아기는 여성 호르몬을 다량 방출하지 않고 저절로 여성이 되지요.

거 봐! 여자는 저절로 되고, 남자는 어려움이 있다고 하시잖아. 어서 밥 해!

으이고, 그건 어려움이 아니거든!

신경 호르몬

사람의 뇌에서도 호르몬이 분비될까요?
뇌에서 분비되는 신경 호르몬에 대해 알아봅시다.

9

스탈링이 뇌에서 분비되는
호르몬에 대한 내용으로
아홉 번째 수업을 시작했다.

이번 시간에는 뇌에서 분비되는 신경 호르몬에 대해 알아
보겠습니다. 사람의 뇌에서도 호르몬이 분비됩니다. 바로 뇌
내 호르몬들인데, 정확히는 신경 전달 물질입니다. 이 물질들
도 뭔가 신호를 전달하는 것이 임무이기 때문에 신경계 호르
몬이라 하여 호르몬의 한 부류로 넣기도 한답니다.

뇌에는 1,000억 개 이상의 신경 세포가 있답니다. 이들 신
경 세포 사이에 신호를 전달하는 물질이 바로 뇌내 호르몬입
니다.

그런데 어떤 신경 호르몬이 전달 물질로 작용하는가에 따

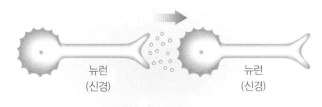

뉴런
(신경)

뉴런
(신경)

신경 전달 물질

라 뇌에서 여러 가지 다른 현상이 나타납니다. 우리가 흔히 말하는 호르몬은 이러한 신경계 호르몬이 아니라 내분비샘에서 분비되는 호르몬입니다.

뇌에서 분비되는 신경계 호르몬에는 도파민, 세로토닌, 노르아드레날린, 엔도르핀 등이 있습니다. 이들 호르몬이 분비되는 뇌의 부분은 조금씩 서로 다릅니다. 또한 각각의 기능도 서로 다릅니다.

지금부터 이들 호르몬에 대해 알아보기로 할까요?

기분을 좋게 하는 호르몬

사람의 감정은 몇 가지가 있을까요? 기쁨, 슬픔, 분노, 두

려움, 사랑, 미움, 우울함, 상쾌함 등, 사람의 감정을 말로 다 표현해 내기는 어려울 것입니다. 이러한 감정의 변화는 호르몬의 분비와도 아주 깊은 관련이 있습니다.

여러분은 기분이 좋을 때가 언제인가요? 친구와 함께 이야기할 때인가요? 아니면 성적이 올라갔을 때? 좋아하는 가수의 노래를 들을 때? 감동적인 영화를 보았을 때? 아니면 이성 친구에게서 좋아한다는 문자 메시지를 받았을 때?

기분이 좋은 순간들은 우리 마음을 기쁘게 하거나, 감동을 줍니다. 이러한 감정들은 우울함과 미움, 상실감 등과는 반대라고 할 수 있습니다. 기쁨, 사랑 같은 감정이 우리 마음에 생기는 것은 뇌에서 분비되는 도파민이라는 호르몬 때문입니

다. 예를 들어, 우리 마음이 기쁨으로 가득 찰 때 뇌에는 도파
민이 많이 분비됩니다.

그러므로 도파민은 우리의 기분을 좋게 하고 적극적인 생
각이 들게 하는 호르몬입니다. 또한 예술적인 영감이 떠오르
도록 하기도 하지요. 뇌의 활동이 최고조로 달하도록 만들어
주기 때문입니다. 그래서 어떤 사람은 도파민은 신이 인간에
게 준 선물이라고 하기도 한답니다.

도파민이 잘 분비되도록 하려면 어떻게 하면 될까요? 부정
적인 생각을 하지 말고, 마음을 밝게 가지고, 좋은 음악을 듣
고, 향기로운 차를 마시는 등 여러 가지 방법이 있을 것입니
다. 그래서 되도록 우리의 뇌가 최상의 기능을 발휘하도록 스
스로 마음을 다스리는 방법을 익혀야 할 것입니다.

하지만 모든 호르몬은 지나치게 많이 분비되어도 문제가
됩니다. 도파민 역시 과잉 분비되면 환각이 보이거나 광기 어
린 정신을 갖게 됩니다. 유명한 예술가들이 광기 어린 삶을
살았다는 것은 어쩌면 도파민의 분비량과 관계가 있을지도
모르겠습니다.

＿ 텔레비전에서 마약에 대한 뉴스가 가끔 나오는데, 마약
이란 무엇인가요?

아주 좋은 질문입니다. 마약은 몸 밖에서 들어간 신경 호르

몸과 같습니다. 마약이 뇌에 침투하면 제멋대로 신경에서 정보가 전달된답니다. 그래서 기분이 좋기도 하고 헛것이 보이기도 하는 등 뇌에 혼란이 생기게 되지요.

마약은 중독성이 있어 아주 위험하답니다. 담배처럼 끊기 어렵지요. 그리고 우리 몸을 상하게 하는 작용을 한답니다. 결국에는 몸과 마음을 망치게 되지요. 담배를 마약으로 분류하는 나라도 있답니다. 그러니 여러분은 담배를 배우지 마세요.

위험한 상황에서 분비되는 호르몬

노르아드레날린과 아드레날린은 서로 구조가 비슷한 호르몬입니다. 구조만 비슷한 것이 아니라 하는 일도 비슷하다고 할 수 있어요.

노르아드레날린은 우리의 몸과 정신의 기능을 활발하게 합니다. 그래서 낮에는 많이 분비되고 밤에는 적게 분비되는 호르몬입니다. 우리 몸이 밤낮의 리듬을 갖게 하는 호르몬이라고나 할까요.

하지만 노르아드레날린은 위험한 상황에서 특별히 많이 분비됩니다. 예를 들어, 적과 싸우려 할 때는 온몸이 비상 상황이 되겠죠? 특별한 활력이 필요한 때에 많이 분비되는 노르아드레날린 때문에 우리의 몸과 마음은 전투력을 갖게 됩니다.

아드레날린은 노르아드레날린과 사촌쯤 되는 호르몬이에요. 부신 속질에서도 분비되는 호르몬으로 '공포 호르몬'이라고 불리기도 합니다. 노르아드레날린이 '투쟁 호르몬'이라고 불리는 것을 생각할 때 어딘가 닮은 느낌이 듭니다.

우리가 위험을 느낄 때 아드레날린의 분비가 증가합니다. 실험을 통해, 쥐를 놀라게 하면 아드레날린의 분비량이 증가하는 것을 알 수 있었다고 합니다. 그리고 긴장된 순간에도 아드레날린이 많이 분비됩니다. 우리가 시험지를 앞에 놓고 있거나 중요한 경기를 앞두고 있을 때도 아드레날린의 분비

량이 증가한답니다. 또 스트레스를 많이 받아도 아드레날린의 분비량이 증가한다고 합니다.

정리해 보면 노르아드레날린이나 아드레날린이 증가하는 때는 일상적이지 않은 시기인 것을 알 수 있습니다. 우리 몸이 주위 상황에 대비하여 비상사태를 선포한 때라고나 할까요. 그래서 이러한 상태가 계속되면 건강에 좋지 않답니다. 예를 들어, 한 나라가 항상 비상사태라면 전쟁에 대비하느라 많은 비용이 들 것입니다. 뿐만 아니라 일상적인 생산 활동에도 지장이 생겨 결국에는 국가의 경제가 나빠질 것입니다. 그러므로 지나친 긴장 상황, 지속적인 분노, 과도한 스트레스 등은 건강을 해치는 것들입니다.

한편 아드레날린이 너무 많이 분비되면 성격이 과격해질 수도 있답니다. 전투적인 성품이 되어서 사소한 일에도 자신을 억제하지 못하고 분노를 폭발시킬 수 있다는 것입니다. 불평과 불만, 마음의 분노를 늘 가지고 있다는 것은 아드레날린의 분비량을 증가시켜 성격을 과격하게 할 뿐만 아니라 몸과 마음을 지치게 할 수 있습니다. 그러므로 때로는 휴식이 필요하고, 조그만 일에도 감사하는 마음이 필요한 거랍니다.

마음의 평화와 안식을 주는 호르몬

도파민, 아드레날린, 노르아드레날린이 우리의 마음을 외부로 표출시키는 호르몬이라면, 세로토닌은 내면의 평화와 행복감과 관련 있는 호르몬입니다. 몸과 마음을 평안하게 하는 호르몬, 즉 '안식 호르몬'이라 할 만합니다. 그러므로 아드레날린이나 노르아드레날린에 의해 흥분된 마음을 진정시키는 효과가 있습니다. 아드레날린이 자동차의 가속기라면 세로토닌은 브레이크라고나 할까요.

세로토닌이 부족하면 마음이 불안하고, 근심과 우울한 기분에 휩싸이게 됩니다. 우울증을 치료하는 약들은 대개 세로토닌을 보충해 주는 약입니다. 세로토닌이 부족하면 우울증이 생기기 때문입니다.

우울증은 '마음의 감기'라고도 합니다. 감기는 큰 병이 아닌 것 같지만 감기로 인해 여러 질병이 생길 수 있으므로 감기도 잘 치료해야 하는 병입니다. 우울증도 마찬가지로 감기처럼 마음에 찾아오지만 아주 심각한 마음의 병이 되기도 한답니다.

우울증인지 아닌지는 판단하기가 어려워요. 여러분의 경우 친한 친구가 전학을 가거나 성적이 많이 떨어졌을 때 우울할 것입니다. 하지만 이런 것들을 모두 우울증이라고 하지는 않습니다.

우울한 감정은 시간이 지나면 저절로 없어지거든요. 병으로서의 우울증은 그러한 기분이 사라지지 않고 적어도 2주 이상 지속되는 것을 말한답니다. 모든 일에 의욕이 없고, 잠도 오지 않고, 허전하고 자신이 아무런 가치가 없다고 느끼는 것이 우울증의 증상입니다. 우울증은 여성에게 더 많이 나타난다고 하는데, 그 이유는 여성이 세로토닌 부족에 더 민감하기 때문으로 알려져 있답니다.

우울증은 세로토닌이 부족해서 생기기도 하지만 여러 가지 스트레스와 복합적으로 나타납니다.

__ 우울증에 걸리지 않으려면 어떻게 해야 하나요?

우울증을 예방하려면 고립감에서 벗어나는 게 중요합니다. 친구에게 자신의 마음을 털어놓고, 자신이 소중한 사람이라는 것을 알 수 있도록 가족 간에 대화를 많이 해야 합니다. 그리고 기분을 밝게 하는 활동에 참여하는 것이 좋습니다.

여러분도 우울한 마음이 들 때가 있을 것입니다. 그럴 때는 밝은 햇빛을 쬐며 운동을 하기 바랍니다. 햇빛은 세로토닌이 생기는 데 도움이 되고 마음을 밝게 만들어 줍니다. 또한 운동을 하면 기분을 좋게 하는 호르몬이 생깁니다.

잠을 자게 만드는 호르몬

사이뇌의 윗부분에는 솔방울샘(송과선)이라는 조그만 내분비샘이 있습니다. 솔방울샘이라는 이름은 소나무의 열매인 솔방울처럼 생겼다는 데서 온 것입니다. 이 내분비샘에서는 잠을 자게 하는 멜라토닌이라는 호르몬이 분비됩니다. 멜라토닌은 밤에 분비량이 증가하고 낮에는 감소합니다.

성경에 보면 '하나님이 사랑하는 사람에게 잠을 준다.'는 구절이 있습니다. 이 말을 바꾸면 사랑하는 사람에게 멜라토닌을 준다는 말이 되겠지요. 만일 우리가 잠을 잘 수 없다면 어떻게 될까요? 거의 정신을 차릴 수 없을 뿐만 아니라 몸도 말을 듣지 않게 될 것입니다.

그래서 생물은 대부분 낮에 활동하고 밤에는 '잠'이라는 안식을 갖게 되는 거랍니다. 잠을 자는 동안에는 낮 동안에 몸에 쌓인 피로가 회복되고 마음도 안정을 찾게 됩니다.

우리 몸에는 시계가 들어 있습니다. 우리 몸은 몇 날 며칠을 지하실처럼 어두운 곳에 있더라도 거의 24시간을 주기로 활동한다는 뜻입니다. 이러한 생체 시계는 사이뇌에 있다고 합니다.

이 생체 시계에서 멜라토닌의 분비를 조절합니다. 그러므로 멜라토닌은 주기적으로 많이 분비되어 잠을 자게 되는 것입니다. 우리가 미국이나 유럽에 가면 시차 때문에 낮과 밤이 바뀌게 됩니다. 그러면 생체 시계가 미처 조정이 되지 않아서 낮에 자꾸 졸리고 밤에 잠이 오지 않는 등의 시차로 인한 수면 장애가 생기게 된답니다. 그러나 이러한 시차로 인한 피로는 환경 변화에 적응하면 점점 사라지게 되고 생체 시계도 환경 변화에 따라 서서히 새로 조정됩니다.

시차로 인해 어려움을 겪을 때 멜라토닌을 적절히 투여하면 시차 극복에 도움이 됩니다. 아침에 투여한 멜라토닌은 주기를 느리게 하고, 저녁에 투여한 멜라토닌은 주기를 빠르게 하지요.

고통을 잊게 하는 호르몬

여러분은 운동을 할 때 기분이 상쾌해지는 것을 경험한 적이 있을 것입니다. 마라톤을 할 때 처음에는 어렵지만 어느 정도 지나면 기분이 좋아지면서 계속 달릴 수 있게 됩니다.

이렇게 운동을 하면 기분이 좋아지는 것은 엔도르핀이라는 호르몬이 분비되기 때문입니다.

엔도르핀은 고통을 잊게 하는 호르몬입니다. 흔히 '진통제'라고 하지요. 엔도르핀은 고통을 잊게 할 뿐 아니라 기분을 좋게 만든답니다. 우리의 뇌에서는 이렇게 엔도르핀과 같은 진통제가 분비되어 고통을 덜 느끼게 됩니다.

규칙적으로 운동을 하면 엔도르핀이 잘 분비됩니다. 우리 몸이 운동하는 습관을 기억하기 때문입니다. 운동을 시작하면 '아, 엔도르핀을 분비할 시간이구나.' 하고 엔도르핀 분비를 시작하는 것입니다.

지금까지 우리는 뇌에서 분비되는 신경 호르몬에 대해서 이야기했습니다. 우리의 기분이 호르몬 분비와 매우 밀접한 관련이 있다는 것도 알게 되었습니다. 우리 몸은 한 부분을 자꾸 사용하면 그 부분이 발달하게 됩니다. 그러므로 우리 몸을 활력 있게 만들어 주는 호르몬이 잘 분비되도록 긍정적인 마음을 갖고 규칙적이고 건전한 생활을 하도록 노력해야 할 것입니다. 그래서 우리 몸과 마음이 평온하고 행복하며 적극적인 자세를 갖도록 해야 합니다. 그러면 밝은 앞날이 여러분을 기다릴 것입니다. 파이팅!

오늘은 왠지 영감이 막 떠오르는 게 대단한 그림이 그려질 것 같아.

아까는 우울해 보이더니, 왜 갑자기 기분이 좋아진 거야?

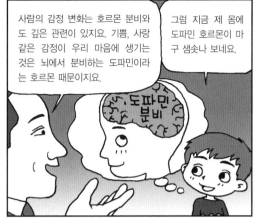

사람의 감정 변화는 호르몬 분비와도 깊은 관련이 있지요. 기쁨, 사랑 같은 감정이 우리 마음에 생기는 것은 뇌에서 분비하는 도파민이라는 호르몬 때문이지요.

그럼 지금 제 몸에 도파민 호르몬이 마구 샘솟나 보네요.

도파민 분비

그렇지만 모든 게 그렇듯 도파민 역시 과잉 분비되면 환각이 보이거나 광기 어린 정신을 갖게 된답니다.

광기 어린 삶을 살았던 예술가들도 도파민의 분비량과 관계가 있을지도 모르겠군요. 너도 조심해라.

으아악

난 그 정도는 아니야.

사람의 뇌에서 분비되는 호르몬을 신경 호르몬이라고 하죠?

정확히는 신경 전달 물질인데, 신호를 전달하는 일을 하기 때문에 신경계 호르몬이라 하고 호르몬의 한 부류로 넣기도 해요.

뉴런 (신경)   뉴런 (신경)   신경 전달 물질

신경 호르몬이 신경계 호르몬이었군요.

뇌에서 분비되는 신경계 호르몬에는 어떤 것들이 있나요?

도파민, 세로토닌, 노르아드레날린, 엔도르핀 등이 있어요.

도파민   세로토닌

엔도르핀   노르아드레날린

각각의 기능은 뭔가요?

노르아드레날린은 몸과 마음에 전투력을 갖게 해 주고, 세로토닌은 행복감과 관련 있는 호르몬이고, 엔도르핀은 고통을 잊게 하는 호르몬이에요.

우리의 기분이 호르몬의 분비와 매우 밀접한 관련이 있네요.

환경 호르몬

환경 호르몬은 어떻게 만들어질까요?
환경 호르몬의 종류와 위험성에 대해 알아봅시다.

10

마지막 수업

환경 호르몬

스탈링이 마지막 수업으로
환경 호르몬을 주제로
이야기하기 시작했다.

이번 시간에는 환경 호르몬에 대해 이야기하려고 해요. 여러분도 아마 환경 호르몬이라는 말을 들어 보았을 거예요. 컵라면 용기나 젖병 등에서 환경 호르몬이 나온다는 신문 기사나 뉴스를 본 적이 있을 것입니다.

환경 호르몬에 대한 관심이 전 세계적으로 처음 생기기 시작한 계기는 《빼앗긴 미래》라는 책이 나오고부터입니다. 위스콘신 대학 동물학 교수인 테오 콜본과 다른 2명의 여성이 공동으로 썼으며, 처음으로 환경 호르몬의 위험성을 공개적으로 제기하였습니다.

이 책은 DDT, PCB, 다이옥신과 같은 화학 물질이 수컷 동물의 생식에 장애를 준다고 주장했습니다. 이들의 주장은 세계적으로 화제가 되었고, 영국의 BBC 방송에서는 이 책을 기초로 〈남성들에 대한 공격〉이라는 프로그램을 제작하여 방송하기도 했답니다.

호르몬 흉내를 내는 환경 호르몬

환경 호르몬을 이야기하기 전에 먼저 호르몬이 무엇인지 다시 한 번 생각해 봅시다. 호르몬이란 연락하는 물질로 우리 몸의 편지와 같다고 말했습니다. 신경은 전화와 같고요. 우리 몸의 내부 상태는 사이뇌의 시상 하부라는 부분에서 조절하는데, 호르몬은 결국 시상 하부의 명령을 여러 기관에 연락하는 물질이라고 생각하면 됩니다. 그리고 호르몬의 부지런한 연락 덕분에 우리 몸의 상태가 일정하게 유지됩니다.

환경 호르몬이란 우리 주변의 환경에 방출되어 있다가 우리 몸에 들어와서는 호르몬처럼 작용하는 물질을 말합니다. 정식 명칭은 '내분비 교란 물질'입니다. 호르몬 조절에 혼란을 일으키는 물질이라는 의미이지요. 그런데 내분비 교란 물질이란 말이 어렵지는 않나요? 그래서 쉽게 환경 호르몬이라고 부른답니다.

생각해 보세요. 우리 몸의 호르몬은 편지와 같은 역할을 한다고 했는데, 가짜 편지가 몸 안에서 돌아다닌다고 생각해 보세요. 그래서 가짜 편지를 진짜 편지로 알고 세포가 일을 한다면 아마도 우리 몸은 몹시 혼란스러워질 것입니다. 그리고 그 피해는 아주 크리라는 것을 쉽게 짐작할 수 있습니다.

그러면 환경 호르몬이 어떻게 가짜 호르몬처럼 작용할까요? 환경 호르몬이 작용하는 방법은 여러 가지가 있지만 여기서는 대표적인 것 2가지만 이야기할게요.

잠깐 복습을 해 볼까요? 호르몬이 작용하려면 세포에 그 호르몬을 알아보는 감지기, 그러니까 수용체가 있어야 된다고 했었지요? 다음 그림을 보세요.

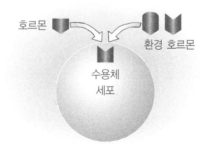

호르몬

환경 호르몬

수용체
세포

환경 호르몬은 호르몬과 비슷하기는 하지만 아주 같지는 않답니다. 이렇게 진짜 호르몬과 비슷하게 생긴 환경 호르몬은 우리 몸에서 진짜 호르몬과 똑같은 작용을 일으킬 수가 있답니다. 그러니까 진짜와 비슷한 환경 호르몬이 우리 몸에 들어오면 조절이 잘못될 수밖에 없는 거지요.

또 이런 경우도 있어요. 호르몬과 비슷하긴 한데 호르몬처럼 작용하지 못하는 경우지요. 그런데 이 가짜 호르몬은 호르몬을 받아들이는 수용체에 달라붙어 진짜 호르몬이 수용체와 결합하는 것을 방해합니다. 그러면 세포는 필요한 연락을 받지 못해 꼭 해야 할 일을 할 수 없게 됩니다. 마치 신발에 발 모양의 나무가 들어가 있으면 신발을 신을 수가 없는 거와 같은 이치입니다. 아까 말했던 환경 호르몬과는 반대되는 경우가 되는 거지요.

그러니까 환경 호르몬이란 세포로 하여금 불필요한 일을 하도록 시키든지, 아니면 마땅히 해야 할 일을 하지 못하게 하는 고약한 물질이랍니다.

__환경 호르몬 때문에 정자 수가 감소한다던데, 왜 그런가요?

뉴스를 주의 깊게 들은 것 같군요. 환경 호르몬의 피해를 말할 때 약방의 감초처럼 이야기되는 것이 남자의 정자 수가 감소한다는 것이에요. 남자뿐만 아니라 동물의 정자도 감소된다고 합니다. 왜 환경 호르몬 이야기를 하면 정자의 수가 등장하는 걸까요?

여기에는 아주 중요한 이유가 있답니다. 우리가 흔히 이야기하는 환경 호르몬은 대개 여성 호르몬과 같은 역할을 한답니다. 즉, 남성의 몸에 여성 호르몬이 증가한다는 말이지요. 정자는 남성 호르몬의 조절을 받아 생성됩니다. 그런데 몸 안에 여성 호르몬이 많아지면 남성 호르몬의 작용에 방해를 받게 되지요. 그 결과 정자 수가 적어지고, 이상한 모습의 정자가 생기거나 운동 능력이 없는 정자들이 생겨난답니다.

이러한 피해는 태아에게도 아주 심각하게 나타난다고 합니다. 엄마의 젖에 섞여 들어간 환경 호르몬은 태아의 생식 기관이 생기는 데 아주 심각한 피해를 준다고 해요. 태아는 몹시 약하거든요. 그리고 태아 때 입은 피해는 일생 동안 나타나게 됩니다.

여러분은 아마 이런 의문을 가지게 될 것입니다. '도대체 얼마나 많은 양의 환경 호르몬을 몸에 받아들이면 그런 일이 일어날까?' 환경 호르몬을 측정하는 단위는 ppt입니다. 가로, 세로, 높이가 각각 100m인 수조에 물을 가득 담고 1g의 설탕을 넣었을 때 설탕의 농도가 1ppt랍니다.

여러분은 1ppt가 얼마나 적은 양인지 알았을 것입니다. 그런데 환경 호르몬은 몇 ppt만으로도 우리 몸에 영향을 줄 수 있다고 하니 얼마나 강력한 작용을 하는지 짐작할 수 있을 것입니다. 그러므로 우리는 이제 대규모의 환경 오염도 걱정해야 하지만, 이렇게 적은 양의 물질들이 인간을 공격하고 있다는 점에도 주의를 기울여야 할 것입니다.

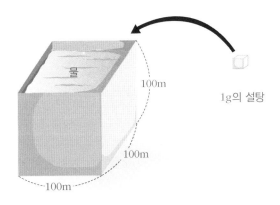

환경 호르몬으로 작용하는 물질

환경 호르몬은 대부분 인간이 만든 화학 물질입니다. 가장 잘 알려진 물질이 다이옥신입니다. 다이옥신은 쓰레기 소각장에서 많이 방출됩니다. 정확히 말하면 이 물질은 인간이 이용하려고 만든 물질이 아닙니다. 여러 가지 쓰레기를 태우는 과정에서 생겨났지요. 다이옥신은 한 가지 물질이 아니라, 비슷한 여러 물질을 뭉뚱그려 부르는 이름이랍니다. 다이옥신 중에는 단 1g으로 1만 명의 목숨을 빼앗을 수 있을 만큼 강력한 것도 있답니다.

이 외에도 PCB, DDT, 비스페놀A 등 수십 가지 물질이 환경 호르몬으로 작용합니다. 이런 물질은 대부분 물에는 잘 녹지 않는 반면 지방에는 잘 녹기 때문에, 우리 몸에 들어와서 지방 조직과 결합합니다. 이 때문에 오줌으로 배출되지 않고 안 몸 안에 쌓이기 때문에 더욱 위험하답니다. 이런 물질을 몸속에 많이 갖고 있는 엄마의 젖을 먹은 아이가 가장 큰 피해를 입는다는 것도 일찍이 알려져 있는 사실입니다.

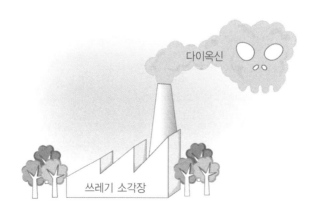

다이옥신

쓰레기 소각장

환경 호르몬은 우리 몸에 어떻게 들어올까?

환경 호르몬은 어떤 경로를 거쳐 우리 몸에 들어올까요? 먼저 공기를 통해 들어오는 것을 생각해 볼 수 있습니다. 신문 기사나 뉴스를 통해 쓰레기 소각장에서 다이옥신이 나온다는 기사를 본 적이 있을 겁니다. 쓰레기를 태울 때 나는 연기에 섞여 나온다는 것이죠.

하지만 요즈음엔 다이옥신 등과 같은 오염 물질을 정화하는 장치가 있어, 쓰레기 소각장은 대기를 오염시키지는 않는다고 합니다. 하지만 모든 소각장이 완전히 정화되고 있지는 않아요.

이 외에도 대기 중에 살포되는 농약, PCB와 같은 화학 물질이 대기에 섞이게 됩니다. 이렇게 대기 중에 떠도는 환경 호르몬은 쉽게 멀리 퍼져 나가는 성질이 있습니다. 그래서 오염 물질이 전혀 배출되지 않는 남극이나 북극 같은 지역에서도 환경 호르몬이 발견되기도 한답니다.

다음으로는 음식물을 통하여 들어오는 경우를 생각할 수 있습니다. 음식물로 들어오는 환경 호르몬은 대기 중의 환경 호르몬과 다르지 않습니다. 기름기가 있는 음식물에 환경 호르몬이 많이 녹아 있을 수 있지요. 그런데 환경 호르몬의 종

다이옥신

쓰레기 소각

농약 살포

플라스틱류

약품류

젖꼭지　　완구

야채

공장 폐수

육류

하천

생활 하수

어류

바다

류는 대개 생물 농축이라는 현상을 일으킵니다. 생물 농축이
란 먹이 사슬을 따라 몸에 농축되는 정도가 심해지는 것을 말
합니다.

크기가 다른 물고기 3종류가 있습니다. 작은 물고기를 중
간 크기의 물고기가 먹고, 중간 물고기를 가장 큰 물고기가
잡아먹는다고 가정해 봅시다.

중간 물고기는 작은 물고기를 아주 많이 먹어야 살 수 있습
니다. 그런데 작은 물고기에 PCB 같은 물질이 조금 들어 있
다면 작은 물고기를 매일 먹어야 사는 중간 물고기의 몸에는
작은 물고기에 있던 PCB라는 물질이 점점 많이 쌓이게 됩니
다. 왜냐하면 PCB 같은 물질은 몸에 들어가면 몸의 지방질

에 쌓여 밖으로 잘 나오지 않기 때문이에요. 그래서 중간 물고기의 몸에는 PCB가 증가하고, 중간 물고기를 잡아먹는 큰 물고기의 몸에는 더 많은 PCB가 쌓이게 되는 것입니다. 이런 현상을 생물 농축이라고 해요.

만일 사람이 PCB로 오염된 강에서 잡은 큰 물고기를 먹는다면 어떻게 될까요? 사람 몸에는 많은 PCB가 들어오게 되겠지요. 그래서 생물 농축 현상이 일어나면 사람이 가장 큰 피해를 보게 됩니다.

한 가지 더 이야기하자면 PCB 같은 환경 호르몬은 잘 분해가 되지 않습니다. 그래서 오랫동안 자연에 퍼져 있을 수 있는 거랍니다. 우리 몸 안에 들어와서도 잘 분해되지 않아요. 그러니까 생물 속에 오랜 시간 머물면서 생물 농축 현상을 일으키게 됩니다. 그러므로 생물 농축을 일으키는 물질은 2가지 특징이 있다는 것을 알 수 있어요.

잘 배출되지 않는다.
잘 분해되지 않는다.

환경 호르몬은 우리 몸에 들어와서 오랫동안 호르몬의 기능을 방해할 수 있습니다. 이렇게 사람 몸에 들어온 환경 호르몬이 우리 몸의 정보 전달을 방해하면 우리 몸은 어떻게 될까요? 인간이 자연을 오염시킨 대가를 치르게 되는 것이지요.

다음으로는 플라스틱류로부터 환경 호르몬이 녹아 나오는 경우를 생각해 볼 수 있습니다.

플라스틱류에 음식물을 담아 놓는 경우, 특히 뜨거운 음식물을 플라스틱 용기에 담을 경우 환경 호르몬이 녹아 나올 가능성은 더욱 높아진다고 볼 수 있습니다. 전자레인지에 넣고 가열하는 경우도 그렇고요. 또, 아기의 젖병이나 젖꼭지에서도 환경 호르몬이 녹아 나올 가능성은 얼마든지 있답니다.

따라서 음식물을 플라스틱 용기에 넣는 것은 그다지 좋은 방법이 아닙니다. 컵라면 용기에서 환경 호르몬이 녹아 나온다는 주장이 있는 것도 바로 이 때문입니다. 컵라면에 뜨거운 물을 부으면 스티로폼 용기에서 환경 호르몬이 녹아 나올 수도 있다는 것이지요. 물론 제품에 따라 다르긴 하겠지만요.

다음으로는 약을 통해 환경 호르몬이 들어올 가능성이 있습니다. 특히 인공적으로 합성된 호르몬제를 먹을 경우 그것이 환경 호르몬과 같이 작용할 수도 있답니다. 호르몬제는 미량으로도 몸에 심각한 영향을 줄 수 있으므로 되도록 복용을 삼가는 것이 좋습니다. 그리고 복용한 호르몬이 몸 밖으로 배출되어 하천에 흘러들어 물고기에게 영향을 주었다는 연구

도 있습니다. 이러한 호르몬제의 영향으로 기형적인 물고기
가 생겨난다는 주장도 있답니다.

환경 호르몬을 피하는 방법

환경 호르몬은 이미 우리 주위에 널리 퍼져 있습니다. 인간
이 생각 없이 화학 물질을 만들어 자연에 버렸기 때문입니다.
인간이 온갖 새로운 물질을 만들어 편리하고 풍요로운 생활을
하는 동안 지구의 환경 오염은 심각해졌습니다.

그렇다면 어떻게 하면 환경 호르몬의 피해를 줄일 수 있을

까요? 그 지름길은 한 사람 한 사람이 생활 태도를 바꿔야만 가능합니다. 우선 쓰레기를 줄이기 위해 노력하고, 일회용 용기를 사용하지 않으며, 자동차 매연도 줄여야 합니다. 그리고 이미 버린 물건도 재활용하여 쓰레기 양을 줄여 나가야 합니다.

그렇게 하려면 당연히 불편이 따르겠지요. 환경을 보호하는 일을 쉽지 않답니다. 그렇기 때문에 어느 한 사람만 이런 각오를 해서는 안 되고 사회 구성원 모두가 같은 생각을 가져야 합니다.

이제 호르몬 이야기를 마쳐야 할 시간이 되었습니다. 이야기를 마치며 여러분에게 한 가지 말하고 싶은 것이 있습니다. 우리 몸은 하나의 독립된 세계로 스스로 조절하는 능력을 갖는 놀라운 존재라는 것을 항상 기억하기 바랍니다. 우리 몸이 자신의 상태를 알아서 스스로 조절하는 능력이 있다는 것은 아무리 생각해도 놀라운 일입니다.

우리 몸의 놀라운 조절 능력은 아직도 그 신비가 다 밝혀지지 않은 뇌와, 그 뇌의 생각을 온몸에 전달하는 호르몬이 있기 때문에 발휘됩니다. 우리 몸이 건강하다는 것은 호르몬이 제 몫을 잘하고 있다고 보아도 좋습니다.

그리고 우리는 몸속의 호르몬이 제 기능을 잘하도록 스스로 바른 생활 습관과 마음 자세를 가지려고 노력해야 할 것입니다. 그러면 호르몬은 신나게 우리 몸속을 돌아다니며 주인의 건강을 지켜 주려고 애쓸 것이고, 그 결과 여러분은 건강한 몸과 마음을 선물받게 될 것입니다.

과학자의 비밀노트

미나마타 병

1956년 일본 미나마타 시에 사는 어민들에게 이상한 질병이 발생하였다. 신경이 마비되어 손발이 저리는 증세에서 시작하여 언어 장애와 시력, 청력 등의 감각 능력이 떨어지고, 걷기 힘들다가 결국 목숨을 잃기도 하였다. 조사 결과 이 병은 근처의 화학 공장에서 흘려보낸 공장폐수 때문으로 밝혀졌다. 폐수의 메틸수은에 오염된 어패류를 주민들이 먹어서 발병하였는데 2,000명이 넘는 환자가 발생하였다. 이 지역의 이름을 따 '미나마타 병' 이라고 부른다.

평생 우리 몸을 탐구했던 스탈링 Ernest Henry Starling, 1866~1927

오늘날 우리는 몸의 내부와 기능에 대해서 아주 많이 알고 있습니다. 이렇게 된 데는 우리 몸에 대한 과학자들의 끊임없는 탐구가 있었기 때문입니다.

스탈링은 평생 우리 몸에 대해 탐구하였던 과학자입니다. 그는 우리 몸에서 일어나는 여러 현상을 연구하는 학문인 생리학을 세우는 데 크게 공헌하였습니다. 그가 저술한 《인체 생리학의 원리》(1912)는 계속해서 개정되어 국제적인 교과서로 남아 있을 정도입니다.

그는 1890년 의사 자격을 얻었으며, 1889~1899년까지 런던의 가이 병원에서 강사로 활동하면서 인체의 생리에 대해 연구를 계속하였습니다. 그 후 1899~1923년까지 런던 대학

교 유니버시티 칼리지의 생리학 교수로 재직하면서 우리 몸에 대한 연구를 그치지 않았습니다. 그의 연구는 심장, 혈관, 호르몬, 소화 등 우리 몸의 거의 모든 분야에 대해 이뤄졌습니다.

그는 런던 대학교에서 영국의 생리학자인 베일리스와 공동 연구를 시작했고, 장에서 음식을 밀어내는 근육 활동에 대한 신경의 조절을 증명하였습니다. 그 후 1902년 위와 소장 사이에 위치한 십이지장에서 혈액으로 방출되는 어떤 물질이 이자에서의 소화액 분비를 촉진시키는 것을 발견하고, 이 물질을 '세크레틴'이라고 이름을 붙였습니다.

2년 뒤에 스탈링은 우리 몸에서 어떤 신호를 전달하는 물질을 가리키는 말로 '호르몬'이라는 말을 만들었습니다. 스탈링 덕분에 우리는 인체의 신비한 조절 원리를 더욱 명확하게 알게 되었답니다.

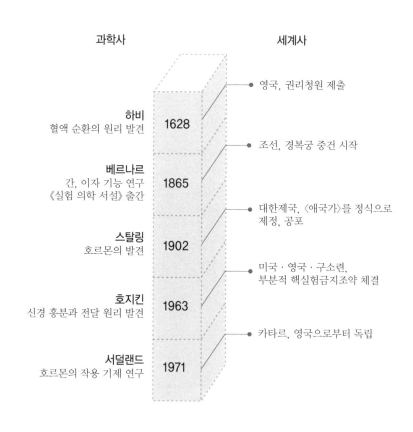

과학사

세계사

● 영국, 권리청원 제출

하비
혈액 순환의 원리 발견

1628

● 조선, 경복궁 중건 시작

베르나르
간, 이자 기능 연구
《실험 의학 서설》출간

1865

● 대한제국, 〈애국가〉를 정식으로
제정, 공포

스탈링
호르몬의 발견

1902

● 미국 · 영국 · 구소련,
부분적 핵실험금지조약 체결

호지킨
신경 흥분과 전달 원리 발견

1963

● 카타르, 영국으로부터 독립

서덜랜드
호르몬의 작용 기제 연구

1971

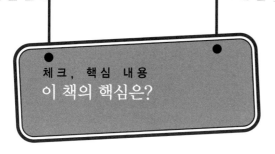

1. 우리 몸의 연락 수단에는 ☐☐ 과 호르몬이 있습니다.

2. ☐☐☐ 은 연락을 담당하는 신호 물질입니다.

3. 십이지장에서는 ☐☐ 의 소화액 분비를 촉진하는 호르몬인 세크레틴
   이 분비됩니다.

4. 호르몬은 ☐☐ 이라는 강물에 띄워 놓은 편지와 같습니다.

5. 세포의 표면에는 호르몬을 받아들이는 ☐☐☐ 가 있습니다.

6. 호르몬의 분비는 ☐☐☐ 의 시상 하부가 조절하며, 시상 하부 아래
   에는 ☐☐☐☐ 가 있어 호르몬 분비의 조절을 돕습니다.

7. 호르몬 분비의 조절 원리는 ☐☐☐ 조절입니다.

8. 우리 몸의 열 발생량을 조절하는 호르몬을 분비하는 곳은 ☐☐☐ 입
   니다.

1. 신경 2. 호르몬 3. 이자 4. 혈액 5. 수용체 6. 사이뇌, 뇌하수체 7. 되먹임 8. 갑상샘

영국 브리스틀 대학의 콜린그리지 교수는 '비만이 생각하
는 능력을 감소시킨다.'며 '신경 세포 표면의 인슐린 수용체
가 생각하는 과정에 관여하기 때문'이라고 말했습니다.

호르몬인 인슐린이 신경 세포의 수용체에 달라붙으면 신경
세포 안으로 신호가 전달되면서 기억 형성에 도움이 된다는
것입니다. 인슐린은 이자에서 분비되어 혈당을 낮추는 호르
몬인데 뇌신경에서는 기억 형성에 도움을 준다는 것이죠.

그런데 인슐린 수용체는 비만인 경우에는 인슐린에 대해
잘 반응을 하지 못하게 됩니다. 즉 인슐린 수용체가 인슐린
에게 관심이 없어지는 것입니다. 이러한 예는 인슐린이 많이
분비되더라도 당뇨병에 걸리는 것에서 알 수 있습니다. 비만
이 되면 세포에 있는 인슐린 수용체가 인슐린에 대해 둔해지
기 때문에 포도당이 세포 안으로 들어가지 못하게 되어 결과

적으로 혈액 속에 많은 양의 포도당이 남아 있게 되는 것입니다. 그래서 오줌으로 포도당이 나가게 되는 당뇨병에 걸리게 되는 것입니다.

마찬가지로 비만이 되면 뇌신경의 인슐린 수용체가 둔해져 인슐린이 달라붙더라도 뇌신경 세포 안으로 아무런 신호가 전달되지 못하게 됩니다. 즉, 인슐린이 오더라도 뇌신경 세포는 아무런 일을 하지 않게 되는 것입니다. 결과적으로 기억 형성에 도움을 주지 못합니다. 이처럼 비만은 건강에 좋지 않을 뿐 아니라 학습 능력도 떨어지게 합니다.

한편 런던 국립의학연구소 블리스 박사는 '쉴 때도 멍하니 있지 말고 새로운 경험이나 신체 활동, 취미 생활 등을 계속해야 공부할 때 능률이 오른다.'고 조언했습니다.

뇌의 신경 세포는 정보를 전달하기 위해 끊임없이 신경 전달 물질을 내보내고 받아들이기를 되풀이합니다. 즉, 뇌세포끼리 끊임없이 신호를 주고받는 활동을 합니다. 그런데 뇌를 많이 쓰면 이런 활동이 더 활발해집니다. 반대로 뇌를 쓰지 않으면 이런 활동이 점점 줄어들어 심하면 서로 신호를 보내지 않게 되고, 신호를 보내더라도 신경 전달 물질을 알아보지 못하게 되거나 분비하지 않게 됩니다.

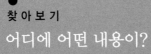

찾아보기

어디에 어떤 내용이?